The Dog Whisperer

好狗狗的正面驯养
积极引导、拒绝暴力，让狗狗健康快乐成长

[美] 保罗·欧文斯 诺玛·埃克莱特◎著
李慧敏 杨金月◎译

当代世界出版社

图书在版编目（CIP）数据

好狗狗的正面驯养 /（美）欧文斯，（美）埃克莱特著；李慧敏，杨金月译 .
—北京：当代世界出版社，2015.2
ISBN 978-7-5090-1003-7

Ⅰ.①好… Ⅱ.①欧… ②埃… ③李… ④杨… Ⅲ.①犬-驯养 Ⅳ.①S829.2

中国版本图书馆 CIP 数据核字（2014）第 254678 号

THE DOG WHISPERER: A Compassionate, Nonviolent Approach to Dog Training, 2nd Edition
by Paul Owens with Norma Eckroate
Copyright © 2007, 1999 by Paul Owens and Norma Eckroate
Published by arrangement with Adams Publishing,
a Division of Adams Media Corporation
through Bardon-Chinese Media Agency
Simplified Chinese translation copyright © 2015
by Orient Brainpower Media Co., Ltd.
ALL RIGHTS RESERVED

北京市版权局著作权合同登记号：图字01-2014-8301号

好狗狗的正面驯养

作　　者：	[美] 保罗・欧文斯　诺玛・埃克莱特
译　　者：	李慧敏　杨金月
出版发行：	当代世界出版社
地　　址：	北京市复兴路4号（100860）
网　　址：	http://www.worldpress.org.cn
编务电话：	（010）83908456
发行电话：	（010）83908455
	（010）83908409
	（010）83908377
	（010）83908423（邮购）
	（010）83908410（传真）
经　　销：	新华书店
印　　刷：	三河市祥达印刷包装有限公司
开　　本：	710mm×1000mm　1/16
印　　张：	16.75
字　　数：	250千字
版　　次：	2015年2月第1版
印　　次：	2015年2月第1次
书　　号：	ISBN 978-7-5090-1003-7
定　　价：	35.00元

如发现印装质量问题，请与承印厂联系调换。
版权所有，翻印必究；未经许可，不得转载！

The Dog
Whisperer

致 谢

几年前，我的挚友简·霍兰德教会我什么是心灵的无限性，她告诉我："当你感受到你的内心已经充满了爱，无法承载更多的爱时，你的心门才会完全打开，你的心灵才会无限延伸，直到有一天你认识到，爱其实永无止境。"回首一路走来帮助成就本书的朋友们，这正是此刻我的心声。

衷心感谢我的双胞胎姐妹帕姆和欧文斯家族的其他成员，感激他们一直以来的不断鼓励、鼎力支持和真诚陪伴。并向我的合著者诺尔玛·艾克罗特献以深深的敬意和感谢，她以无与伦比的耐心、清晰简明的思想、超脱精准的文字，和我齐心协力完成了此书。倘若没有她，这本书也不会出现在这里。

我们的代理商，丽莎·哈根和桑德拉·马丁，我要对你们的顽强追求和不懈支持致以最真挚的感谢，还有詹妮弗·库什尼尔、凯特·艾普斯坦、休夏娜·格罗斯蔓、梅雷迪思·欧海里、杰雷·卡尔梅斯以及亚当斯传媒的所有同仁，非常感谢你们对本书所抱有的坚定信念。

当然，还要感谢我亲爱的朋友们，此刻我是多么荣幸，能把你们的名字这样用文字保存下来，我多么想说一说那每个名字后面温暖的故事。笔下写着这些，我的脑海里正浮现着你们每个人的脸庞，你们对于我是如此特别的存在，谢谢你们，能够遇见你们，我是多么幸运。

为了让文字与思想完美匹配，你们一直仔细考量，功不可没，亲爱的玛嘉民、简·韦德林、罗宾·普拉舒克，当然还有我的大姐，帕姆，我要向你们致以特别的感谢。

迈克尔·W.福克斯；南希迪·斯布罗博士；玛丽莲·麦考特；布莱恩·弗斯格伦；伊恩·邓巴博士和威廉·E.坎贝尔，感谢多年来你们为可爱的动物所付出的努力，谢谢你们的善良、同情和奉献精神。

特别感谢凯伦·欧伍奥；南希·斯坎伦；玛丽·布伦南；摩根斯佩克特；肯·麦考特以及杰瑞·特普利兹博士为本书提供宝贵意见；感谢杰克·坎菲尔德的心灵鸡汤带给我的帮助，向吉姆和基林·奥尼尔致以最热烈的问候和无尽感激，感谢他们的慷慨大度和专业支持。

还有杰西·史丁西科，是你贡献了本书中精美绝伦的插图，阿瑞斯·卡基斯，以你无与伦比的创造力，让那无音的思想化为视觉的美景，感谢你们；在此特别感谢我们的优秀摄影师：哈维·布莱曼（加利福尼亚州，伯班克艺术摄影）；洛杉矶施塔姆勒摄影的布莱恩·施塔姆勒以及塔拉·奥尔森（和她的名模狗狗——露西）。

最后，我要感谢所有这些朋友和他们毛茸茸的摇着尾巴、东挠西舔的小跟班们。亲爱的，是你们让这一切美梦成真：芭芭拉·霍利迪，了不起的比格猎犬波兹利；尼古拉·埃利斯和谁都挡不住的康纳和泰森；克劳迪娅·马德里和一直活蹦乱跳的艾米丽；罗珊娜和"我从没见过我不喜欢的人"的安格斯；瑞奈特·普莱斯和"精力充沛"先生约瑟夫；玛茜·古德曼和奇妙的魏玛猎狗杰克逊和斯波尔丁；霍利·梅里曼和马波；非常美丽大方的利亚·迈尔；汤姆欧和"如果那是一个水坑，我就不动"的雷电；罗宾·罗泽和梅林（莫林奈特）；简·韦德林和宇宙女王欧比特；温迪·帕里什和犹大，感谢你们所有人。

最后感谢一下七个毛茸茸的小朋友：泰拉、莫莉、巴蒂、巴克、格雷迪、希德和查丽丝。

The Dog Whisperer

序

想和宠物们和平共处无可厚非，但实在没必要控制并摧毁它们的精神世界。为了实现狗狗和其他动物的所谓的"绝对服从"，传统方法总是试图不断去控制它们，仿佛人类天生就该高高在上，就该使用暴力，却从来没想过要和狗狗互相交流、互相尊重。按照传统办法做可是对谁都没有好处的，尤其是让家里的小朋友目睹甚至参与其中。还好，这种方法正逐渐被淘汰，而一种危害更小的方式正在快速萌芽崛起。

审视我们与狗狗的关系，有必要考察它们是怎么和人类交流的。如果现在突然就让你和动物相处，让你硬生生闯入它的生活，它会恐慌逃离，它会非常紧张，甚至装死，还可能会猛然转身攻击你这个不速之客。这种例子太多了，人们捕获野生动物，想要驯养它们，结果就只会摧毁动物们的精神世界，让它们变得孤立无援，最后只能越来越依附于驯养人，因为只有他们能让它偶尔从责打中喘口气，能给它提供点食物、水和一点点安全感。多么可悲啊，尽管人们不断虐待责骂它，它却仍试图从人们那里寻求慰藉，获得关照。

我们必须扪心自问，为了实现目标就该

这样不择手段么？马戏团的精彩表现，人人拍手称赞，却从没有想过，这些表演者曾遭受了怎样严苛的训练。这种残酷的方法最终只会限制人们的精神世界和潜力，狗狗也是如此。我们凭什么就这样摧毁它们的精神世界？

如今，一个新的时代已经到来，我们开始更多地学会同情、学会去爱。人们不断成长成熟之际，也开始学着以同情和爱教育狗狗，想要拥有一种基于喜欢、理解和信任之上的关系，这也意味着我们需要更多的技能和更多的耐心与理解。

狗狗驯养已经有1000多年的历史，它们在这个过程中丧失了原本的野性，比如高警觉度，对陌生人、陌生环境刺激的恐惧。像这种驯养过程，具体体现在狗狗出生后最初几周，这让狗狗们想和照料它们的人或是领导者建立联系，从而加强交流。出生后5周至10周，属于关键时期，这个时候幼犬开始学会融入社会生活，建立与这个世界最初的联系。在野生环境，这个联系一般会是它们的小伙伴、爸爸妈妈以及其他族群成员；而家庭驯养的话，人类成员则取而代之。正是在这种初期交流之中，狗狗们逐渐习惯接受了这种非暴力训练。

保罗·欧文斯的这本书所提倡的是非暴力训练方案，这不单单是狗狗驯养，更是狗狗与人类的教育交流，也就是把教育建立在爱和理解之上。作者让我们开始打开心扉，不再纠缠于控制，换句话说，这更像是狗狗对我们的训练，只有这样，我们才能了解它们真正的生活方式、内心的需求以及使用的语言。

这本书将有助于打破原本的恶性循环：错误的思想和训练方法只会导致动物们遭受更多痛苦。欧文斯倡导的非暴力过程将会防止狗狗滋生任何行为及心理问题，要知道这些行为及心理问题后期会更难以克服。这种方法，将有助于增强我们对狗狗的同情和理解，让我们心中充满仁慈，只有这样，我们才能配得上这些小朋友们的陪伴，因为它们身上所展现的美德是如今我们人类一直难以企及的。

麦克·W. 福克斯

生物伦理学高级学者

美国人道协会

华盛顿

The Dog Whisperer

前　言

几年前，我的一位神父朋友曾建议我写一本关于耶稣和狗狗的书，说实话我很难想象耶稣、佛祖、克利须那神或是圣人摩西"拥有"一只狗狗，但我敢肯定，在那神圣的宝殿旁至少还是有些四条腿的毛茸茸的东西在绕膝而行。那样一个圣人，那样的心如明镜，面对一只手脚不干净爱偷东西吃的狗狗，他是怎么想的呢？难道是"可怜的家伙，你给我坐好"？

这似乎不太可能啊。可我也没法想象他们会举着画卷抽打狗狗的鼻子，难道就这样放任狗狗小偷小摸么？他到底要怎么训练呢？心灵感应？瞬间我的脑海里只能浮现一幅画面：佛祖坐在菩提树下，耶稣坐在圣山上，他们说："我心无挂碍，下一个魔法，我会立在那树后，意念会派出我的狗狗，斯巴酷斯，让它翻滚，然后起来，为我衔回鞋子。"

本书的主题是非暴力训练，它不是为了宣扬这条道路是多么新颖多么具有突破性，而是告诉我们，这是我们爱的能力，这是打开我们智力进化的大门。我们坚信一个理念，训练狗狗坐下，过程比结果更重要。这是"原因"和"做法"——这是来训练狗狗的方法，是我们的爱心和同情心。请牢记这一点，本书一直试图融合直观和科学方法，我坚信，一切都会臣服于非暴力精神之下。

狗狗驯养是个不断演变的过程，每年涌

现的新的训练理念和工具，除了帮助我们教育狗狗，也使学习过程更容易且更富有乐趣。自 1999 年第一版印刷以来，本书便成为畅销书并催生了附带的 DVD。此版包括更多深入的培训协议、附加说明以及提示和解决问题的技巧，也使得我们的三步塑造行为理念更具有现实可行性。书中增添了一个新部分"小把戏"，这可以给你和你的狗狗带来更多乐趣。对于那些对世界的目光、声音和气味极度敏感的狗狗，我们提供了一个更为崭新而全面的角度，去处理和帮助它们。此外，我们丰富了原有的推荐食物列表以及生鲜饮食方案。

自第一版开始，关于标题本身，我一直有着很多想法。"狗狗密语"，这一词语已经在全球范围内被大量训练师使用。但有一点我必须作出说明，不是所有人对这一词语的看法都相同，对我来说，"密语"就意味着训练方法要温柔要正面，而不是像有些训练师那样只会采用负面强制的方式，这和我们所提倡的正面、非暴力、基于奖励的方法是多么鲜明的对比啊。

我发现，其实大多数人是不会把狗狗压在地上，用皮带或项圈将狗狗吊起来或是猛拉狗狗，迫使它随行的。即便有些培训课或电视节目会展示那些令人厌恶的体罚方法，也没有人会这样做。要知道，任何与你对狗狗的感受和狗狗应受到的待遇相冲突的方法都不应该被使用，任何违背了常识和直觉的建议都不应该被接受。

另外，从现实角度分析，越来越多的科学研究不断证明，使用正面训练方法要远远好于负面方法。诸如宾夕法尼亚大学、塔夫茨大学、康奈尔大学，还有美国加利福尼亚大学戴维斯分校等多所学校的兽医行为学院，纷纷提出只能使用正面积极的行为矫正方法，消极训练和强制方法既不具安全性，也没有什么必要，终究也不会起作用。

值此修订版面世之际，我们怀着愉悦的心情在此重申我们的决心和理念，请善待身边的动物，善待它们就是善待我们自己。衷心欢迎您加入这趟旅程。

The Dog Whisperer

目 录

第一部分 基础篇：

正面、非暴力、基于奖励的狗狗驯养方法

第1章　正面训练方法　003

第2章　影响最佳健康成长状态的九大因素　016

第3章　压力与狗狗行为　050

第4章　主人情绪与狗狗行为的联系：呼吸之桥　056

第5章　怎么说狗狗才能听懂　067

第6章　训练装备：项圈、栓绳、响片、狗舍和床　076

第7章　安全，安全，还是安全　084

第8章　建立规则让狗狗学会自控　088

第二部分　秘密武器：

狗狗非暴力驯养必备

第 9 章　行为动机和各种奖励　099

第 10 章　专业训狗师的秘密　103

第 11 章　如何让狗狗快速形成可靠稳固的行为　108

第 12 章　塑造狗狗行为的六大训练工具　120

第三部分　训练课程：

新鲜有趣，充满动力

第 13 章　着眼重点——请注意一致性　133

第 14 章　动作教学　142

第 15 章　亲宠互动小把戏　209

第四部分　问题行为：

重视且立刻采取措施

第 16 章　找出问题行为的根源　223

第 17 章　解决问题行为的小窍门　229

第 18 章　对待敏感的狗狗需要更多耐心　244

The Dog Whisperer

第一部分

基础篇：

正面、非暴力、基于奖励的狗狗驯养方法

第 1 章　正面训练方法

其实，狗狗出生后几周内，就知道该怎么坐在地板上（坐卧），该如何躺下、站立、等待、吠叫，也会走向/跑向我们（过来），或是紧跟在我们身边（跟随），此外，它们还能利用鼻子寻找东西（跟踪）。类似这些，其实根本都不用我们教。我们要做的，主要是从安全角度考虑，比如教会它们如何指定吠叫，训练它们去外面大小便，做它们该做的事。

当然，我也希望任何时候只要我们要求，它们都会乖乖听话。

奖励性训练

动物驯养方法，一般有两种：一种是所谓"暴力胁迫"，这往往会滋生厌恶反感情绪，而第二种就是"奖励"。要知道，不管是对狗狗还是对人类自己，后者都容易得多，事实上这也是一种爱心与善良。那么，想让狗狗按你说的做，就必须得作出正确选择：是对它拖拉殴打或是撞击摇晃，还是该给点奖励。哪个更人性化呢？哪个来得更容易也更迅速呢？从长远来看，哪个又更有效呢？过去的几十年里，成千上万的狗狗训练师经过实践，终于找到了答案，那就是——正面训练方法。如今，诸如宾夕法尼亚大学、塔夫茨大学、康奈尔大学，还有加利福尼亚大学戴维斯分校等多所学校，这些顶尖的兽医行为学院都正致力于积极行为矫正项目的研究。结果表明，所谓的"消极训练方法"，从长远来看，既不具安全性，也没有什么必要，效用也不明显。

2004年，英格兰布里斯托尔大学临床兽医系公布了一项研究，有效证明了积极训练的价值，从而反击了消极训练（包括体罚）法："因为，如果采用奖励性方法，狗狗的服从程度会更高，不良行为也会更少，我们认为，对于狗主人来说，这个方法比惩罚更有效，好处也更多。"

这本书正是关于如何使用"胡萝卜"（甜头／奖赏）的，具体说，也就是譬如赞美啊，食物啊，玩具啊，还有按摩、交流互动、游戏等等。有一点要先搞清楚，像我们在教狗狗该如何坐下时，过程与结果其实一样重要。到底该怎么训练？这个问题很重要。因为，这是我们与狗狗间的交流互动：不仅是我们在对狗狗做什么，实际上也在于狗狗是如何影响我们人类的。

消极训练总是在警告狗狗，"你要是敢这样做，就会遇到糟糕的事情！"而积极训练恰恰相反，它告诉狗狗，"你要是这样做的话，会有好事发生的哦！"比较两者，差别在于它们最终所能收获的结果。如果采用奖励性训练，狗狗们不会遭受像恐惧、痛苦这类情绪折磨，当然，更不会有所谓的"强迫与服从"。

消极训练狗狗，一旦它做了你不喜欢的事情，而你想要纠正它的话，接下来对待它的一定不是拖拽殴打，就是撞击摇晃这类行为。每一次想让它做点什么，你都得这样。长此以往，到最后，为了逃避可能带来的疼痛，狗狗也不得不按你的要求做。于是，你开始慢慢减少体罚次数，你以为它开始了所谓的"良好表现"。事实上，你所做的充其量只会让狗狗们感到恐惧和不安而已。

有时，人们试图拉着狗链使劲拖拽狗狗，并辩称这是所谓的"狗链校正"或是什么"拖拽校正"。但是，不管称呼怎么变，狗链拖拽，本质上还是——"拖拽"。如果太用力，狗狗会很容易受伤；而如果时间没把握好，如果项圈没放好，狗狗一样会受伤。一旦狗狗开始撕扯或产生其他"不礼貌行为"，主人总是试图通过"拖拽"来纠正，而处理不当的话，这些行为是完全没有任何意义的。归根结底，这些行为往往是由于主人自己情绪失落，慢慢变成对狗狗的一种"再定向侵略"。到最后，不管是狗狗还是主人，都会感到异常困惑失落，不知道到底该怎么办。而后面还有更糟的，这种"挫败感"往往会导致主人更加愤怒，转而使用更多暴力，变成了不可避免的"恶性循环"。

拖拽会导致狗狗颈部和脊柱损伤。这些伤痛，有时需要很多年才能消失。拖拽还会给狗狗带来潜在的情感创伤，最后，自然也会引起更多行为问题。据行为专家威廉·坎贝尔说，就算拖拽可以，也不应该用大力气，因为这很容易弄伤狗狗。测试表明，对狗狗来说，就算是正常范围内的拖拽也会对它们的脊椎和喉咙造成重达 15 磅①、时速 33 英尺②/秒的集中冲击力。坎贝尔还引用了 1992 年安德斯海勒格林一项具有里程碑意义的调查。研究对 400 只狗狗进行脊椎检查，发现共有 252 只狗狗有错结脊柱问题；而这 252 只狗狗中，65% 都有过行为问题。调查显示，那些被认为有侵略性或过激行为的狗狗中，78% 都曾患有脊柱损伤。

拖拽链条就已经让狗狗身心受到伤害了，而另外一些方法对狗狗简直就是虐待到极点。这种例子太多了，比如拎着项圈把狗狗悬在空中，直到它垂头丧气；把它的头按在水里；把狗狗鼻子闷在粪便里；为催促狗狗随行对它又踢又打；拿橡胶管击打狗狗鼻子；不惜对狗狗电击；有人还把狗狗耳朵放在木头榫钉和瓶盖间来挤压；甚至还有其他更糟糕的行为。几年前曾发生过一起案件，被告被指控虐待动物，因为他试图让狗狗互相撕咬来矫正狗狗的行为。他辩称，狗狗做错了事，想要教育它纠正它，所以让另一只狗和它撕咬，他辩解说这只不过是在做他该做的。当然，他败诉了。这事儿看似罕见，但绝不是孤立存在的，像其他形形色色的案件，我就听过不少。事实上，人们似乎一直把狗狗间撕咬当作所谓"训

---

① 1 磅 = 0.4536 千克
② 1 英尺 = 0.3048 米

练过程"的一部分。可是，要知道，对于那些胆小的或是攻击性强的狗狗，你想通过暴力训练改善，其实非常危险，也根本没有那个必要。行为科学表明，压制行为，特别是试图通过武力或是武力相威胁达到目的，既不能给胆小的狗狗带来一丁点信心，对那些攻击性强的狗，又根本起不了任何安抚作用。说到底，这不过是在一定特殊情况下武力压制了狗狗们的行为（仅仅由于恐惧）而已。体罚，本身就意味着采取暴力来降低行为持续的可能性；心理学里存在一种"满灌法"，引申过来也就是说从生理上逼迫狗狗不断承受一种它极度恐惧的情形，最后直到它由于受惊吓而"停止"它的行为或它的行为最终被压制。我非常反感和反对以上这些方法。

我主张另一种替代方案和另一种选择——积极训练方法，也就是通过奖励和温和的行为来让狗狗按你的要求去做。举个例子吧，每次你想让狗狗做点什么，就给它点儿甜头，狗狗为了更多的奖励，自然就愿意听话了。是的，狗狗就是这样。就算以后你慢慢停止奖励，为了那获得奖励的"可能性"，狗狗也还是会乖乖听话，按你说的做。

想象一下：要是每次你来我家，只要你愿意坐在一张特殊的椅子上，我就给你1000美元，那下次来，你会坐到哪儿呢？你又会什么时候来看我呢？为了保持你的积极性，我可能还会时不时提供点其他礼物，像昂贵的手表呀，NBA门票呀，或者来次百慕大旅行。最后，你也许会觉得，来看看我，坐坐那张椅子，实在挺值得、挺有意义的。如果哪天我不再送你礼物了，你也可能会发现，咦，其实你已经习惯也很喜欢我的陪伴了！因为我不仅挺慷慨，为人也不错！这样的话，以后每当你第二次或第三次过来时，我又开始送你非常棒的东西。而正是这个可能的预期回报，会让你一直心甘情愿过来。你见过拉斯维加斯有谁是被迫玩老虎机吗？事实上，为了那个获得奖励的潜在可能性，人们一次次乐此不疲地跑过去。

当然，说到底，这些都取决于你自己。首先你得好好观察观察，看看别人的训练方法，看看他们的方法是否适合狗狗。

主动告诉它你想让它怎么做

狗狗训练，尽管现在很流行，实际上却完全本末倒置了。主人们训练狗狗的主要原因，变成了阻止狗狗做它们天生该做的。他们希望狗狗不要用牙齿撕咬，不要奔跑，不要随地大小便，不要跳跃、挖坑，甚至不要吠叫。这简直就像是把狗狗装在套子里。我们要做的只是在我们的生活方式范围内，为狗狗创造个好环境，让它们可以无忧无虑地做自己。

为什么狗狗愿意做一些事情？原因很简单，因为做这些会给它们带来好处，也是它们最喜欢的。像赞美、食物或自由这些奖励，就是他们做对了事情后的回报。避免危险，当然也是回报。举个例子，如果狗狗听话"坐下"，主人就不再打它或是拖拽它，所以说狗狗也是需要学习预见后果的。

积极训练，不是被动地阻止你的狗狗做什么，而是主动告诉它你想让它怎么做。这本书里，我们总是一遍又一遍地重复这一点。要是我们自己都搞不清想让狗狗做什么，那狗狗肯定就更糊涂了。"到底该怎么让我的狗狗不再跳来跳去？"这根本不是问题所在，真正的问题应该是："你想让你的狗狗做什么？"有人可能回答："我想让狗狗听话，只要有人进门拜访，它就会乖乖躺下。"看，"躺下"就可以成功代替"跳跃"了，要知道，它肯定不能一边躺下一边跳跃啊。

我坚信，到下一世纪，狗狗的训练一定会朝着倾注更多爱心的积极方法发展，人们也会更少地借用暴力重塑狗狗行为。但有一个关键点，你要学会掌控你自己的焦虑和意志力，让训练方法实施起来更具体、更行之有效也更科学。如果这样的话，你一定可以得到你想要的。具体来说，这些举动都是一步一步累积的。你的反应越少，你的领导能力反而越强，狗狗的世界就是植根在这一步步举动中的。这本书，正是告诉你该怎么做。朋友，一旦下定决心，你就一定要：阅读说明，遵照标签上的指示去做。

表一

我会随地尿尿，也可能会满地拉屎，
我会追跑，也会跳来跳去，
我会挖洞、会吠叫，还会不小心咬到你，
行为训练是必需的，
除了饮食，用于医疗上的开支也是必需的，
每年用在我身上的花费总共大概要750～3000美元。
附加建议：
我更喜欢和你一起在床上睡觉，
请每天至少花2个小时的时间来和我玩和练习。

温和自由地引导狗狗

　　积极训练可以让你和狗狗建立亲密的伙伴关系，这种训练方式是让你怀着对狗狗的爱心、尊重和同情心，温柔地劝诫狗狗。怀着这种思想，你的方法会温和真挚，你的态度会灵活多变，同时又严格而不妥协。但我们要清楚，积极培训绝不是纵容，这种训练方式充满了乐趣。你一定会好奇，如果你对狗狗不打不踢、不电击不摇晃、不关押不拖拽，那它到底要怎么学会"服从"呢？这一切又是如何实现的呢？我要告诉你这一切的答案，那就是良好的沟通。

　　实际上，我们所说出的话语充满了力量，而更巨大的力量就蕴藏在我们说之前，说话的时候和说之后的沉默之中，你说得越少，反而你的话语权越大。这种"软劝说"的巨大力量，历史上早已被许多领导人不断证明并践行着，例如阿西西的圣法兰西斯、莫罕达斯·甘地等等。马丁·路德·金曾说过，"如果和平是我们的目标，那我们必须要以和平的方式获得"。另一个例子，则来自于植物世界。著名植物学家路德·金伯班克首次培育出一棵"无刺"仙人掌，这是怎么做到的？他曾这样告诉瑜伽修行大师波罗摩汉娑·瑜伽难陀，后者在他的《一个瑜伽修行者的自传》中分享了这一秘密，"我经常和植物谈心，不断让它们感受到我内心的爱；我总是告诉它'不用怕'，你不需要这些尖锐的刺抵御外敌，我一定会保护你的。"

积极训练，正是基于这样的思想。我们在这里是要保护我们的狗狗，而不是伤害它。这概念本身并不算新鲜，但现在这种概念比以往任何时候都更深地根植于我们的意识中。正如人们早已不再认同以前那种用"打屁股"的方式来惩罚孩子，身为地球上不断进化的先进物种，我们更应努力消除其他领域的暴力行为。许多年来，倡导"非暴力、无伤害"产品的运动正逐渐兴起——比如不含动物制品或不进行动物试验的化妆品。现在，不管是训练狗狗还是其他任何事情，都到了我们要根除暴力的时候。

在这个行为的取舍等式中，我们与狗狗有着平等的地位，这是本书的核心。狗狗按我们要求坐下或躺下，这并不是全部；更重要的是"怎么做"，也就是方式和过程。我们试图获得相应的反应，好符合我们脑海里既定的标准：什么是对，什么是错，什么又是所谓的合适；但这些，并不能充当暴力方法的合理原因。

要"回应"，而不要"反应"

当然，想要更偏向积极训练，其实很简单，那就是：对于最浅显的东西，你必须要够清晰。几年前，有对夫妇请我为它们表现出攻击性行为的狗狗 Lucky 做次会诊。等到那边时我才发现，这家人，妻子是名精神科医生，丈夫是名心理学家，而他们俩竟然不知道该怎么办！可怜的Lucky，只能被关在地下室。要知道，这对夫妇所掌握的操作性条件反射和经典条件反射知识比我这辈子所能想象的都要多。然而，这会儿，我却要在这里正襟危坐，给他们和他们的狗狗设计行为矫正方法。事实上，所有这些对狗狗所做的积极训练法跟他们每天为精神心理疾病患者所设计所实施的方法一样，都是一个核心理念。还好，后来他们终于开了窍，很快意识到，对于自己的狗狗，他们一直都没能运用自己的专业知识。几星期后，我进行了回访，Lucky正在逐渐康复，逐步成为一个"讲文明懂礼貌"的社会一员。

就像这对夫妇一样，我们大家意识里其实都会有盲区，就好像有时会忘了"联系"。通常，我们只是需要一把钥匙，打开那些我们脑海里尘封的密室。要做到这一点，行动前我们要停一停，我们要学会"回应"，而不是"反应"。首先，"反应"意味着面对特殊情况时基于情绪控制的下意识行为，而"回应"，则强调运用我们所有的智慧、创造力、直觉以及情感来应对情况。那为什么要学习回应而不是反应呢？首先，如果你停下来，考虑要拿狗狗怎么办，那你就可以更专注于处理问题本身，而不是应对所谓的表面症状。

这样说吧，狗狗朝着来送信件的邮递员吠叫，你的本能反应一定是应对表面症状：吠叫，却忽视了考虑原因，也许狗狗只是因为兴奋。大多数人从没想过狗狗到底为什么吠叫：也许是害怕，可能只是打个招呼。事实上，狗狗大叫只不过是在做好本职工作。一旦遇到这种情况，人们大多会朝狗狗大吼、用报纸击打狗狗或是拖拽狗链，试图制止它吠叫。不管狗狗一开始到底是为什么在叫，现在因为你这样对待它，一旦有邮递员朝它走来，狗狗立马视之为危险讯号。这样的话，对于身穿制服接近房屋的陌生人，狗狗的敌意便日益加深。想象一下，换个方式，每次一旦邮递员出现，狗狗开始吠叫，你就说些话安抚它，譬如"快看，这是谁来了？"然后再给它些奖赏。这样，狗狗就不会再叫了，而且它还会把邮递员与一些好的东西联系起来，这样，依靠这种非暴力而又积极的方法，你不仅成功阻止了狗狗吠叫，同时又让狗狗在这个过程中学会了与人交流。

每只狗狗都值得尊重，需要关心。不管你采取什么行动，你首先得要努力弄明白狗狗为什么要这样做。要不然，一个不留神的话，你就会失去掌控，导致错误反应，这样，不仅狗狗会受到伤害，行为问题也会变本加厉。反应阻碍尊重，而回应则促进尊重。

我们很关心狗狗，但有一点一定要明白：每只狗狗都有着自己学习的步调。人们常常问我，训练一只狗狗，到底需要多长时间。答案是：很长。就许多方面而言，训练狗狗实际上和抚养孩子一个道理。没有哪位父母会要求孩子3个月内、半年内或是3年内立马表现完美。然而，人们却期望只靠几天或是几个阶段的训练，狗狗就能学会乖乖地随行或坐下。这种事，不可能发生。

到底什么是暴力？

每个人都得定义，对自己而言，到底什么是暴力。每个人看待世界的方式不同，每个人看待狗狗的方式也不同。对大多数人而言，狗狗忠诚真挚独一无二，是我们密不可分的家庭成员，是一生的伙伴，我们要爱护它珍惜它。它们教会了我们耐心，这种美好品质我们时时刻刻可以从它们身上看得到、感受得到。是啊，有时候，狗狗就像反映人类最典型特征的镜子，它们存在于这世上，提高了我们的自我价值感，也有助于从心理和生理上医治我们。而像那些服务犬，不管是生理上还是精神上，它们是拐杖——支撑我们站立，是眼睛——帮助我们看见周围的世界。一旦电话响了或是有人在门外，它们都会立即通知我们。此外，它们还有预测癫痫发作的特殊能力，甚至能用鼻子闻出疾病，像这些以及其他，还有更多更多。

而对于另一些人，狗狗简直成了身份的象征。如果一条狗体格强壮、肌肉结实匀称，那就意味着，主人一定也是这样。在一些人眼里，狗狗不过就是一次性的个人财产。一旦狗狗出现了行为问题，比如在屋里随地大小便或是狂吠乱叫，很多人就会选择放弃，把它们送到收容所。正是人们的这种冷漠、忽视和迷信，每年单是在美国，就有约超过四百万狗狗死亡，更不用说那些数以万计还在遭受痛苦的狗狗了。

有些人后来不愿意再上我的课，他们是这样说的："我需要一个更能'动手'的方法。"这意味着，实际上要的就是"拖拽摇晃"狗狗。"它是罗特韦尔犬，"另一个人在揍完狗狗的脸后辩称，"这没什么，它能受得了。"于是我举报了他的虐待行为。可怜的狗狗，我实在为它感到难过。

所谓暴力，是指有害且从情绪上、生理上、心理上阻碍其成长的行为思想。非暴力则完全相反，它只会在这些方面促进并增强自我意识、健康、成长以及安全。狗狗和人一样，都有自己的个性。任何情形下，狗狗与人类交流，时间地点都是独一无二的；在那个特定的点，到底什么是暴力什么又不是暴力，这要取决于个人的判断。对于面向动物的行为，对于所处环境，对于我们自己，都是如此。这些，需要大量练习做支撑。

举一些例子，其实也是一种思维模式，这样更方便说明差异，也可以让你更好地区分暴力与非暴力。狗狗如果不听话，老是往餐桌上爬或是啃咬电线，为了阻止它，你可以发出点声音、做出点动作转移它的注意力，你也可以引导它去做点别的。或者用报纸抽打它，你能看清这其中的区别么？大喊大叫，动用武力，会让你的狗狗不再咀嚼电线吗？也许会。可是，想想，你又教会了它们什么呢？一样的情况，你可以选择鼓励你的狗狗，你也可以选择体罚，用拖拽、殴打、电击或是摇晃恐吓它；你可以选择创造一个愉悦氛围，让狗狗在成功中学习，你也可以选择只教会它恐惧害怕。而这就意味着训练狗狗时我们不该愤怒、不该生气，可我们是人类，愤怒天生就属于人类情感的。时不时就燃起点怒火，的确是常有的事。

但是，道德性愤怒与暴力性愤怒，这两者还是有区别的。前者的愤怒，情绪表达合理，对后果也完全清晰，试图表达自我，却又不伤害他人。换个最好的解释，这种愤怒是针是刺，是为了戳开表层，开始积极改变；而后者，却是不计任何后果的。像这种极端情形，倘若你发现自己已经愤怒，这时奖励性训练就会发挥作用，让你远离愤怒，也会远离暴力，也就是说，不管什么时候，不管发生什么，永远不要伤害你的狗狗。当然，做到这一点，你必须要有很强的控制力。

非暴力方法不会带来伤害，它是主动的，具有前瞻性，它是爱、尊重与同情的化身。同时，非暴力还蕴含着另一层意思，那就是我们要努力保持自身不沦为受害者，即便有时为了保护爱的人，为了获取更好的结果，我们不得不使自己受到伤害。例如，在印度争取独立的斗争中，甘地一直践行和平反抗政策，可是即便如此，也并不妨碍他利用过往的良好常识、智慧、幽默采取其他非恶性解决方案。我们的物种是这样聪慧而富有同情心，这样敏锐而又具有创造性，难道不是吗？塑造动物行为，又不借助恶意方法，这对我们很容易。

要知道，暴力训练，并非只有动物深受其害，有时，受到暴力训练的动物是会对人类做出恶意行为的。近期的统计数据显示，美国去年有450万只狗狗咬人，75%的受害者是儿童。

暴力循环

那么，我们为什么还要不断伤害、不断威胁自己的狗狗呢？主要原因有三个：（1）一直都是这样；（2）主人们总是想要切切实实掌控周边情形；（3）就是想要惩罚狗狗。倘若一个人因为"一直都是这样"就惩罚狗狗，习惯已经成形，变化则意味着对现状的威胁。尤其对那些缺乏安全感的人来说，这就意味着它们不得不承认过去的暴力行为。这就像在照镜子，谁想看到一个和原本想的不同的自己呢。这太可怕了！还有个原因，它们总是试图控制和惩罚狗狗，这也与愤怒和沮丧情绪有关。可是，怒火对狗狗驯养没意义，它只会阻碍、限制智慧、创造力和直觉，结果主人和狗狗都受影响。如《薄伽梵歌》所言："未实现之愿望孕育挫败；挫败滋生怒火；怒火孕育毁灭。"

有时不管是使用暴力还是以武力相威胁，早已在人类生活中根深蒂固。例如，当一个孩子目睹了另一个人的暴力行为，他意识到要想获得胜利就必须更强大。但非暴力训练中，没有所谓的"取胜"，因为从来就没有所谓的"竞争"。

随便采用暴力，我们和狗狗都会陷入敌意的漩涡，即便身为人，也会变得越来越麻木不仁。最近的报纸上刊登了一起14岁女孩杀死了一头鹿的案件，并附有一张绑在她父亲的汽车引擎盖上动物尸体的图片。记者后来采访女孩："杀死这只鹿时，你是怎么想的？"她说："去年杀死我的第一只小鹿时，我感觉糟糕透了。现在好受多了，我根本没什么感觉。"

研究表明，那些用暴力对待动物的人往往在人类交往中同样显露暴力倾向。过去十年的新闻头条不断重复着一个又一个悲剧——那些伤害动物的儿童日后更容易成谋杀犯。

狗狗嘛只是狗狗而已

理论上来说，驯养狗狗其实很简单。首先你在脑子里形成图像，譬如狗狗坐下，然后选择合适的工具、重塑行为、匹配脑海中的图片。再来点时间、耐心和一点点的方法，但难就难在这里。很多人不愿意花时间思考，而是马上去使用项圈，然后就是对狗狗拖拽、殴打、针扎、脚踢、电击、摇晃、捏耳朵。然后告诉狗狗："现在就给我这样做，不然有你好看。"

来吧，让我们勇敢面对吧，不管狗狗是撕咬随地大小便，还是吠叫蹦跳，它们都不过是在做该做的。不存在什么道德上的好与坏，它们没有罪过，也不是英雄，它们只是狗狗，这些我们必须要充分意识到。近年来科学家们推断，人类其实仅仅使用了 15%~20% 的大脑容量，从另一个角度说，既然人类自身都有局限，那么凭什么自以为完全了解狗狗和它的行为呢？这未免也太傲慢可笑了点吧？！

　　本书的目标就是解读狗狗驯养过程中的一切事情。如果忽视了过程本身，你的训练必然会减弱，变得愈加模糊混乱、时机不佳，那么你与狗狗的联系也会削弱，要么不知该做什么，要么就是觉着回报没价值。换句话说，你的狗狗实际上认为："既然没什么好处，干吗还要费劲？"

　　人类的壮举数不胜数：我们聪明勇敢地迈入月球；我们创造了精美绝伦的艺术作品、跌宕起伏的书籍、令人惊叹的电影和欢乐无限的歌曲；我们发起了代表着耐力和体能极限的马拉松，我们举起了 1000 磅，我们跳向了 8 英尺的高空；即便面对致命疾病百般困苦，我们的希望和信心也从来都是取之不竭。既然这些我们都能做到，那么只不过不借助任何暴力的让狗狗乖乖随行，当然更没问题了。

　　这一切始于一直在说的"非暴力"：善良、尊重、同情、责任与爱。

第2章　影响最佳健康成长状态的九大因素

古瑜伽哲学倡导了整体健康的八个步骤，这也给了我创建一个驯养狗狗的最佳模式的灵感。多数法则都有自己的一套规则，如果我们愿意赋予恒心和努力的话，必能大大促进生理、精神、情绪三方面和谐成长。这九大因素就是：优质饮食、玩耍、交流、安静时间、运动、工作、休息、分步训练和卫生保健。

九大因素概述

我曾在小学向小朋友们演示我的"手拉手"项目，为了方便他们理解这九个因素，我把它编成了一首小诗。

食物，玩耍加交流，
安静时光和锻炼，
每天别忘要工作，
一天结束多休息，
爱心、尊重和照料，
全年都要看兽医。

这九大因素正是影响狗狗行为的全部，每一个因素都是拼图中必不可少的一部分，只有有了它，所谓的最佳学习行为才能发生；也就是说，具备了这个最佳学习环境，整个驯养过程才会更容易更迅速也更富有乐趣。

想一想，对最佳健康状态，你自己有什么要求呢？要是你又累又饿，身体又不舒服，或者一天工作很糟糕，那么你自己也不会在最佳状态，也就是说，我们要从更全局的角度看待修缮行为。影响行为的每个因素，重要的不仅是数量，更在于质量。

当你将所有的九个因素都纳入狗狗的生活时，便有了"协同作用"。"协同作用"，我多喜欢这词，有了它，便意味着集体的力量必将大于所有部分的总和。

也就是说，像2+2+2不再简简单单等于6，而可以是10、20、30甚至100。相比于单单一个因素或仅仅几个因素起作用，这结果要好得多。举个例子，披头士乐队，单个来看，他们的确每个人都很出色，但作为一个团体，他们才是真正无与伦比的。世上任何一支冠军体育队都是如此。狗狗世界里也可以运用这种原则，像狗狗雪橇队和动物辅助治疗小组，都是让人类和狗狗在医院和疗养领域并肩作战。在你的家中，同样存在着你和狗狗的"协同作用"。科学研究证明，人类与狗狗的友好交流有助于个人的身心健康，同样也会促进狗狗的健康成长。

认真阅读以下九个因素，切记这些因素都是为了方便狗狗驯养而构成你的每日流程。您还可能会发现，这些同样也是人类保持健康幸福、安全成长的因素。整个思想基于单纯常识，在于日常实践。每日坚持，便成习惯，一旦成了习惯，也就自然成为你日常生活的一部分。最后，这种"不得不"驯养照顾狗狗的责任感便会消失殆尽，因为早就成了自然。

一旦发现狗狗出现行为问题，我建议您立即对狗狗心理进行全面诊断，然后再仔细对照九大因素，找到不平衡点。一旦着力于这一全面方法，众多问题都会消失不见；一旦这九大因素取得平衡，狗狗训练就会简单得多。（本书第四部分将会集中讨论常见行为问题，有些问题超出了本书范围。如果问题仍然存在，请咨询精通积极训练方法的专业训狗师。）

因素1：优质饮食

这一节可不单单是介绍狗狗饮食和最流行的狗粮，如果你想知道这些的话，请直接跳至后面章节：饮食建议。

- 选项1：罐头食品和/或添加型人用食材粗粮
- 选项2：生食
- 选项3：我的葡萄牙水犬[①]"莫莉"最爱的美味大餐
- 选项4：一切自制饮食

没有什么饮食方案是万能的，狗狗的年龄、生活方式、大小、代谢及健康都会影响到它的饮食需要；这样说的话，可见，为你的狗狗提供一顿最佳营养餐是多么不容易的事。当然，有个前提，你要能通过狗狗的粪便、皮毛、行为及活力水平判断现有饮食方案是否适合它。对于成长中的幼犬，尤其是那些体型比较大的幼崽，以及处在孕期的母犬，饮食都要适当调整。但不管采用什么饮食方案，以下信息都能帮助您入门。

"狗狗的成长依赖于它的食物。"有人说狗狗的寿命全是基因决定的，多数健康的狗狗根本就活不过25年，其实根本不是这样。全面型兽医——南希·斯坎伦最近报告了一例活到27岁的狗狗。现在，狗狗的平均寿命是10~15年（我的葡萄牙水犬"莫莉"已经16岁了，仍然健壮得很）。我坚信，只要结合九大因素，长寿的狗狗会越来越多。当然，前提必须是具有良好的营养。

当我要着手研究某一个特定的行为问题时，我询问客户的第一件事就是狗狗的饮食。要知道，食物就像燃料，狗狗每天吃什么，吃得好不好，

[①] 葡萄牙水犬：葡萄牙人驯养的一种中等体型的强壮的狗，能长距离游水，其特点是生有有蹼的脚及卷曲的尾巴。——译者注

直接影响了狗狗的免疫系统、抗病能力、活力水平、行为、理解能力以及生活质量；此外，食物还会影响狗狗的心情、耐力，甚至寿命。倘若饮食质量低，不管是吃得过饱或过少，还是食物过敏或不敏感，通常都会导致行为问题。

为狗狗提供合理营养，这点做起来或许很简单，但这可不是说麦迪逊大街卖什么你就买什么。自从本书第一版面世以来，越来越多宣称提供优质狗粮的公司纷纷涌现出来。然而，许多大公司生成的商业狗粮，事实上并不像人们想象的那样富有营养。

许多大型宠物食品公司总是宣称他们的食物"科学生产"、"完美平衡"，或是"百分百营养"。他们的确做过短期的试食实验，政府也予以认可，但问题是，根本没有人知道到底什么才是维持一只狗或猫健康成长的营养需要，而这些广告又有多大程度上的合理性？

兽医 R.L. 威索博士对商家的宣传强力反驳，他认为应该禁止宠物食品公司使用"百分百全面营养"这类广告语。他以人类做了个比较：如果一个儿科医生直接亮出一份食品清单，然后告诉父母这一生每一天都必须给孩子吃这些，绝不能吃其他任何食物，否则就破坏了营养均衡。那么有多少父母会这样做？即使给出了营养分析，保证超过人体所需最低水平，保证进行了试食实验，即使标签保证"100% 营养均衡"，又有多少父母愿意接受这种安排呢？

这种流水线出来的食物，我们谁会相信呢？还有一个重要原因，这种食物本身就很缺乏接近其自然属性的特质。不管是罐头食品，还是干燥过程，都严重损害了食物本身的生命力，因为食物只有处于最新鲜最自然的状态时，我们才能获得最多的营养。下面来看看目前市场上宠物食品存在的问题。

问题 1：生吃的食物去了哪里？

只有生鲜食物才富含"生命能量"，而多数商业食品的生命能量含量很低甚至为零。像人们爱吃的热狗就是很典型的例子，要是跟一顿由新鲜蔬菜沙拉、烤土豆和家庭自制汤羹组成的晚餐相比，热狗根本就没有任何营养价值。关于食物的"生命能量"，没有写在任何标签上，然而它看似微妙却又功能强大。它藏在所有新鲜食品中，尤其是那些未加工的食材；它藏在有益菌、酶和生物可用的（定义为"被生物体使用的能力"）蛋白质、维生素、矿物质以及碳水化合物中。以下就是在加工食品中见不到的营养：

所谓"有益菌"是指在人体内天然存在且对身体有益的细菌。它们不仅作用于食物消化，还有助于抵抗有害细菌及酵母。如果身体自身分泌的有益菌不足，有害菌就会趁机闯入，破坏身体原有的平衡。这时，为保证供应，就可以在饮食中添加有益菌。一些纯天然宠物食品公司专门生产添加有益菌的狗粮。酶作为蛋白质分子能够分解和消化食物，没有他们，食物就不能正常消化，营养成分就不能被人体充分吸收，进而就会导致代谢缺陷。所有生鲜食物中都含有酶，包括生肉。人或狗狗的机体自身储备有酶，一旦食物酶含量匮乏，器官组织内的原有酶储备就会被自发调用。研究证明，酶缺乏症与疾病（急性和慢性）紧密相关。要想避免这个问题，需要给狗狗更多生鲜食物，你可以把它掺在食物里或是作为奖励都行；当然你还可以购买添加酶。有几家制造商专门生产这种消化酶，也有些狗粮添加配方中就含有酶。如果你的狗狗有消化问题，或者是饮食方案不合理，又或者它上了年纪，其中某样产品可能会特别有用。

对于有关狗狗驯养的书籍来说，这还有点类似于精神帮助，正如东方哲学里说的：生活能量最微妙之处植根于思想。举个例子，胡萝卜还是颗种子时并不能维持动物的生命，然而，一旦把它播种下去再在它生长的最佳时刻采摘，便成了很好的维生素和矿物质来源。这正是我们拔出胡萝卜食用的最佳时刻，因为这个时候它营养价值最高。但如果你没有挑个好时候呢？东方哲学认为，人类是如此独一无二，事实上他们能够在食物里融入健康和能量；其实这也就是赋予食物一种美好健康的思想。

这有用么？一些研究表明，积聚的思想实际上可以转变成一种有益健康的"药物"。经过科学证明的安慰剂就是最好的例子。所以，不管你是为狗狗还是为自己准备食物时，一定要想着向里面注入健康和"生命能量"，这其实有些类似于相信祷告和神的治愈力量，不管怎样，这样做你绝不会有任何损失。

问题 2：加工破坏营养成分

除了缺乏有益菌和酶，加工食品还存在其他问题。正如前面提到的，我们的目标是要为狗狗提供最营养的食物，也就是说尽可能是最少加工的食材。不管是罐装，还是粗磨或半烘干食品，加工过程都会大大破坏营养价值。这其中罐头食品算是最好，因为相比其他，营养成分损失得最少；而多数粗磨狗粮一般质量较次，都经过多道加工程序：比如压煮、加味、着色、脱水，然后再喷上脂肪来保持美味，阿尔弗雷德·J.普来绪尔博士在《宠物过敏》一书中说，除了加工过程营养流失外，许多动物一般对粗磨食物难以忍受或是表现为过敏。他写道："我相信，这是因为粗磨食品一般浓缩了众多过敏性食物，几乎囊括了我的敏感性食材清单上的所有东西，比如：牛肉、牛奶、小麦、玉米、酵母、鱼粉以及各式各样的化学添加剂，甚至还有些模具、头发之类的杂质。"但我们也看到还是有些公司致力于生产新鲜营养的粗磨宠物食品。而半干燥食物营养价值最低，为了保持食材湿度添加了大量的人工香料、防腐剂及糖。所有加工食品中，多数粗磨食品和所有半烘干食品，蛋白质含量都很低且不易消化。

问题 3：多数宠物食品所用肉类质量较差

大多数市售狗狗食品都不是人食用成分级别，因为他们认为价格太过高昂。因此，多数宠物食品制造商使用的原料为肉类副产品，而它们并不适合人类食用。美国政府称这些肉类为 4D 肉类，也就是已经死亡的、快死的、患病或是残疾的动物。很多都已经腐烂（他们称之为发酵）并添加了磷酸以减缓腐化过程。虽然消过毒，政府也宣称安全，但事实上都是致癌细菌，你当然不想给狗狗吃这种垃圾食品。可是，市场上许多狗粮都存在这种问题，不仅仅是杂货铺里卖的一些小牌子狗粮，甚至从兽医那里买的所谓的"保险"品牌也都是这样。

安迪·布朗——《全面宠物饮食：八星期还你猫猫狗狗的健康》作者，一直致力于提高食品质量，使之成为人类食用级别的食物。他是这样说的，"许多宠物食品甚至是一些宣称纯天然的产品，都含有不适合人食用的成分，包括喙、脚、羽毛、蹄、头发和骨头等等。每年肉类处理公司要购买加工高达100万英镑的废弃原料，包括马路上死亡的或者患病动物的尸体，甚至是排泄物，这些都可以被纳入到宠物食品或标榜为'副产品'。它们还有个更动人的名字——肉粉（包括鸡肉粉或鱼粉）。更可怕的是，几个大型宠物食品制造商都被发现加工安乐死的狗或猫的尸体，他们甚至连宠物标牌和项圈也不放过，这些都含有大量有害物质。"

我也不知道这种行为在市面上到底有多泛滥。但几年前在一家动物收容所的工作人员告诉我，他们那里就是这样。经过充分研究证明后，安·N.马丁曾在他的《致命的宠物饮食》中宣称，尽管宠物食物制造商极力否认拿安乐死的动物尸体作生产原料，但一些兽医和加工公司都承认这事常发生。

问题4：市售宠物食品含有许多不适合人类食用的成分

市售宠物食品往往含有大量品质极差的成分，比如发霉变质的谷物、腐臭油脂和其他食品加工厂的废弃物，还有那些为了引起狗狗食欲，添加到烘干食物里的所谓的"自然口味"，这些统统都不是人类食用级别的。有些公司甚至拿那些根本不会认为是食物的东西当原材料，连花生壳都加到了食物里，还赫然标着"蔬菜纤维"。动物本是我们亲密的伙伴，为什么得吃这些没有一点营养的东西？

问题 5：添加剂、调味剂、糖、化学防腐剂，没有一样对狗狗有好处

很多市售宠物食品还含有染色剂、稳定剂、增稠剂、调味剂，以及一些化学防腐剂，比如亚硝酸钠、硝酸钠、叔丁基羟基茴香醚、羟基甲苯、谷氨酸钠、焦亚硫酸钠和乙氧基喹啉等。这些防腐剂，比如乙氧基喹啉和硝酸钠，都和癌症戚戚相关；如果作为食品添加剂，就必须在包装上明确标出成分。然而，制造商们经常购买原本就包含比如乙氧喹的防腐剂，而这种情况下就不需要标注。此外，为了吸引狗狗，食物里还会添加各种糖（包括玉米糖浆）或是过量的盐。

那么，到底该给狗狗吃什么？

最好的食物其实是富含有机成分的家庭自制食品，以及其他补充营养，也就是不含农药、抗生素和激素的肉类等食材。但有时，人们首先还得考虑时间和金钱因素，下面列举了一些补充营养的好建议。就像前面说的，若干因素决定了你的狗狗的独特的营养需求，包括它的年龄、品种、大小、日常活动水平、情绪状态、机体敏感度和忍耐度。跟多数医生一样，多数兽医仅仅研究了所谓必需的基本营养，事实上他们所卖的食品有些成分实在值得商榷。

选择 1：由人类可食用级别成分及添加成分制成的罐装食品和 / 或狗粮

诚然，自制食品是人们的最佳选择，但不是人人都愿意费这事。因此，一个选择就是——先找到天然宠物食品厂商生产的流质食品（罐装或袋装）和 / 或狗粮，再混些生鲜食材及营养添加成分。

选择市售食品时，请记住一点：即使那些公司打着广告标语宣传说"纯天然"，其宠物食品也可能含有可疑成分。在没有亲自前往宠物食品加工厂并且跟踪考察肉类、谷物和其他原料供应商的情况下是极难判断食品质量的。界定高质量宠物食品的指标之一就是使用了标有 USDA（美国农业部）的人类可食用肉，含有其他一些人类可食用成分，不包括所谓的副产品。尽管很少有食品公司使用人类可食用成分，但是如果标签或产品手册能够向你说明这一点，你可以确信该食品质量还是比其他的宠物食品高得多。当然，这也意味着该品牌的食物比其他品牌也要贵得多。

请记住一点，流质食品通常比干燥型狗粮营养价值更高。但是，正如我们之前所说的那样，有些公司以纯天然成分为原料，他们可以生产出优质狗粮，而很多兽医相信优质干燥狗粮可以大大帮助狗狗们保持牙齿清洁，有助于活动下巴和促进牙龈健康。我的狗狗莫莉的饮食包括一半罐装食品和一半添加了其他成分（包括原料）的袋装狗粮。莫莉运用爪子抱着个大大的新鲜胡萝卜尽情享用，大口大口啃咬，它很喜欢每天来一顿这样美味的大餐。罐装食品和狗粮比例上可以各占一半，但是不管前者分量是多少，总比一点都没有要强得多。

选择 2：生鲜饮食

生鲜肉类包括牛肉、鱼肉、猪肉、鹿肉、鸡肉、羊肉以及兔肉。许多人一谈到生肉，通常都会有两个担忧：

骨头没有煮熟，这可能会导致胃肠损伤或穿孔吗？我自己也曾有过这种担心，但最后发现生骨头，甚至什么小鸡和火鸡的骨头都不会刺伤你的狗狗，而事实上，煮熟的骨头或冷冻的生骨头却会导致这样的结果。烹调以及冷冻会让骨头裂成碎片，这恰恰会给狗狗的肠胃带来伤害。我很多朋友已经持续很多年给狗狗喂一些类似鸡脖、鸡背这样的生骨头，但从来就没出现过任何问题。

第二个担忧就是生肉中可能含有的细菌会导致疾病。狗狗的消化系统和人是不同的，它们肠管较短，盐酸含量较高，也易于杀菌，即便是在一些埋藏很久的骨头中发现了细菌，也没有太大问题。但有个例外很罕见，一些热狗中含有李斯特菌，这对狗狗们来说是一个潜在的危险。

在《成为你狗狗心目中的厨师》一书中，作者米基和尤基维让德解释道："如果你拿即食的热狗来款待你的狗狗，首先要煮一煮。热狗本身就没有什么营养价值，煮一下没什么损害，反而还能杀死李斯特菌。如果你的狗狗免疫系统本来就已经很弱了，那它实在不应该再碰什么李斯特菌。"他们建议购买无亚硝酸盐并且没有任何填充剂和防腐剂的热狗（和培根）。记住，如果你摸过生肉，那一定要记得洗手。

选择 3：莫莉爱的美味大餐

配料：

3/4 杯糙米加 2 杯水煮熟（注：可以用其他谷物取代糙米，具体参阅下文选择 4 中"谷物"项）

1/4 杯切成方块（1 英寸见方）的放养的有机火鸡或鸡肉（最好是未经加工过的）

1/4 杯磨碎的生西葫芦

1/2 杯小块西兰花（稍微蒸一下，因为生西兰花有时会产生气体）

1 茶匙原生橄榄油

维生素和矿物质补充剂（按照标签说明添加）

复合酶制剂（按照标签说明添加）

步骤：

1. 在锅中放入大米和水，煮至沸腾然后将火候调小，小炖一会儿，盖上锅盖，按照指示烹饪。稍微多煮一会儿，这样更利于狗狗们消化。

2. 混合所有成分，下面就可以上餐了。

选择 4：各种各样可供选择的自制饮食

承蒙玛丽·布伦南博士好意才有了以下自制饮食。在吸收了众多最新营养学知识后，如今她坚信应严格控制狗狗饮食中谷物的含量。鉴于此，她对自己《原生态狗狗》一书中提到的自制饮食方案作出了更改。其实对成年狗狗来说，自制饮食算得上是不错又比较基本的饮食。想要知道如何为幼犬以及超重、对于食物过敏或是需要控制蛋白质饮食（如肾病患者）的狗狗自制饮食的话，请参阅布伦南博士的《原生态狗狗》，安迪·布朗的《全面宠物饮食：八星期还你猫猫狗狗的健康》以及肯密斯·舒尔茨的《给猫猫狗狗们的天然营养》和米基与尤基维让德合著的《成为你狗狗心目中的厨师》。

布伦南博士的饮食方案让你能够尽情广泛地去挑选你或你的狗狗钟爱的原料。我建议增加方案中原定数量，从而产出大批量的食物；然后将未来3至4天需要的食物保存在冰箱里，剩余的部分冷冻起来。但是，千万不要把超过3至4天的食物供给存放在同一容器冷冻，要分装。食用前，切记预留大约一天左右的时间来解冻。

如果你正在烹饪肉类，而不是直接食用的话，你会发现烹饪方法其实很多。我推荐其中一个方法：准备一只鸡放在盛有水的锅里，放在炉子上小炖一会儿；然后将清汤和食物混在一起搅拌，达到像炖出来的效果一样，并且将它们混合到很受狗狗们欢迎的黏稠度。这样的话，食物很易消化，谷物要多煮一会儿。每一杯生谷物都要加入2杯半的水。先是煮沸，然后调低火候，煨一会儿，再盖上锅盖，煮上个一小时。

粮食：许多营养学家建议限制甚至完全避免食用谷物，可见这成分本来也就是备选项。糙米和麦片似乎比较适合我的狗狗，尤其有助于减轻它的过敏反应并保持它排便稳定。话虽这样说，谷物仍被报道导致一些狗狗过敏加重，如前文所述，狗狗的饮食中的确不需要碳水化合物。如果您使用的是谷物，我建议是煮熟的糙米、燕麦（最好是燕麦粥）、藜麦或斯佩耳特小麦。（注：虽然糙米比白米更适合，但一些狗可能患有消化系统疾病，所以最好是同时混合半糙米和半香米，直到其消化系统能够适应糙米额外的大体积。与多数白米相比，巴斯马蒂香米所含营养成分更高。）

蛋白质：使用精益生产的肉饼、鸡肉或火鸡（最好是生鲜材料），选择带点脂肪的瘦肉。如果使用生肉，要确保肉质新鲜，操作过程要足够谨慎，尽量减少沙门氏菌等有害细菌存活可能性；如果使用煮熟的肉类，首选烹饪方法是烤或是煮。不过，记得要剔除所有骨头，因为煮熟的骨头可能会卡住喉咙，导致窒息。

蔬菜：尝试做做实验，找到你的狗狗最喜爱的蔬菜。比如磨碎的生西葫芦、南瓜或胡萝卜；切碎的苜蓿芽；清蒸西兰花、芦笋（这是大多数狗狗很喜欢的东西）、绿豆、萝卜、豌豆。还可以试试其他蔬菜，看看狗狗的反应，但避免洋葱和白菜，因为这两样会导致消化不良。如果你的狗狗刚开始不大喜欢蔬菜，那就尝试着把蔬菜切碎混到其他食物里。

油：选择高品质植物油：红花油、玉米、芝麻、小麦胚芽、葵花籽、亚麻籽或初榨橄榄油，或是到天然宠物食品公司购买宠物油类补充物。到了冬季可以每周多补充几次油，滋润干燥的皮肤和毛发。（注：优质油是经过冷压的，打开后务必冷藏储存。像小麦胚芽和亚麻仁油营养成分极高，但却很容易变质。一旦你把它们买回家，哪怕只是打开前，都必须冷藏。）

维生素和矿物质补充剂：选择天然宠物食品公司的维生素和矿物质补充剂，确保要由天然的食品成分制成，不含任何防腐剂或人工成分。切记根据标签上说明使用。我特别喜欢阿妮塔的维生素组合，这种美味生鲜食物的粉末状混合物，有益于毛发和皮肤，而且因为含有丰富的维生素B，它还有助于缓和狗狗紧张的神经。如果狗狗训练遇到紧张时期，这是个很好的补充成分。

狗狗酶补充剂：根据标签上说明使用。我个人很喜欢"缺失的环节"这个牌子，还有益生菌产品也不错。

狗狗抗氧化剂：根据标签上说明使用。

确定日常饮食——数量

依据下图，确定每天食物量并适当增加，保证一只以上的狗狗超过一天的供应量。切记，每只狗狗的新陈代谢各有不同，这些都只是一个普通的参数，可依据下表适当混合其他成分，添加额外营养。

到底哪些谷物和肉类才最适合狗狗？传统中医有合理解释，具体可参见谢丽尔·施瓦茨的书《四只爪子，五项指南》。这本书全面解释了依据狗狗的不同体质类型，哪些特定的肉类和谷物能更好地促进健康。这里就不再详细说明，简单来说，在他看来，合理安排狗狗饮食能够帮助它们抵消生理失衡。如何确定狗狗的最佳食谱，可以从以下几个因素判断：它是否呆滞，是否爱向后躺，是否精神稳定，是否超重、自信或是渴望得到注意等等。

额外成分

通过添加一些生食或优质补充成分，可以大大提升食谱里的食物质量，增加能量和营养。尤其如果你给狗狗食用罐头食品或狗粮（或两者的混合物），那么这一点就尤其重要了。每日食谱中至少要包括一些生鲜蔬菜。下表是玛丽·布伦南博士给出的建议：

狗狗的重量（单位：磅）	5	10	25	40	60	80
谷物	1/2 杯	1 杯	2 杯	2 1/2 杯	4 杯	5 杯
蛋白质	2 1/2 匙	1/3 杯	2/3 杯	1 1/8 杯	1 1/3 杯	1 3/4 杯
蔬菜	1 匙	1/8 杯	1/4 杯	1/3 杯	1/2 杯	2/3 杯
油脂	1/4 匙	1/2 匙	1 匙	1 1/2 匙	2 匙	2 1/2 匙
维生素和矿物质补充	依据标签说明使用					
酶补充	依据标签说明使用					

生鲜蔬菜：依据狗狗体重，每 10 磅就增加 1/8 到 1/4 杯的生蔬量。从下列食物中选择狗狗最喜欢的一种：磨碎的胡萝卜、西葫芦、切碎的生菜、青豆或稍微蒸过的西兰花（偶尔也可以来整根胡萝卜款待一下）。

新鲜水果：每周几次少量的新鲜水果，如苹果和西瓜。

有机肉类：依据狗狗体重，每10磅，就增加1/4到1/8杯生的、烤的或者烘焙的有机肉类。鸡肉、火鸡肉、牛肉或羊肉，这些都可以，随意选择。不过，如果煮肉的话记着要剔除所有骨头，因为煮熟的骨头有可能会导致窒息。

生鸡蛋：鸡蛋是很好的抗体来源。每周喂食生鸡蛋一次左右。为了尽量降低沙门氏菌中毒的可能性，请选用来自牧场饲养的新鲜有机鸡蛋。那怎么知道鸡蛋是否新鲜呢？很简单，新鲜鸡蛋放入冷水中会沉入底部；浮在水面的话，那就一定不新鲜。

大蒜：依据狗狗体重，每10磅就增加1/2瓣的新鲜蒜泥或一片Kyolic胶囊或其他高效的大蒜胶囊。有需要的话，可以每日添加大蒜。

嗜酸乳杆菌：每周一次1/4至1/2勺的嗜酸乳杆菌液体、粉末或一片胶囊。嗜酸乳杆菌可从天然食品商店的冷藏区购买，这有助于为身体提供适量有益菌。

酸奶：如果是小狗，喂食1/8到1/4杯，大狗则1/2到3/4杯酸奶。从食品商店购买天然酸奶，可以添加到食物里喂食或作为偶尔奖励，每周几次即可。

白软干酪：奶酪是极好的且易于消化的蛋白质来源。增加一点到食物中，每周三次以上。如果狗狗生病了，可每天喂食。

羊奶和牛奶：羊奶是自然匀浆的，因此较容易消化，且营养成分比牛奶更均衡更全面。不要喂食乳脂、半全脂或者全脂形式的牛奶，这些常会导致腹泻，并且某些品种的狗狗体内不具备适合消化这些产品的酶。

奶酪：我把奶酪当作对狗狗的款待，几乎我所有的客户也都这样做。但每只狗各不相同。如果您选择使用奶酪，记着每次在食物中增加3~4小块来使它慢慢适应，以确保没有任何问题。如果狗狗食用后有便秘或者软便现象，要使用信誉好的宠物食品公司生产的肉类产品和优质干燥食品来代替奶酪。

维生素和矿物质补充剂：为你的狗狗选择一个天然宠物食品公司生产的以优质天然材料为原材料的维生素和矿物质补充物。这些产品多以粉状添加至食物里。

其他产品，如维生素，一般以咀嚼片为主。

抗氧化剂补充物：抗氧化剂能够帮助身体抵抗被称为自由基的有害入侵者。β-胡萝卜素和维生素C和E在这个进程中具有辅助作用，被称为抗氧化补充剂。此外，市场上亦有一些产品以纯食物摄取的方式补充抗氧化剂，比如发芽的小麦，它能促进身体自身分泌抗氧化酶。这些产品体现了生物遗传学的抗微生物性和活力。（即使有些狗狗对小麦敏感，通常也不影响食用这类补充物。因为面筋蛋白只存在于麦粒中，发芽的小麦里并不含有此类物质。）

改变狗狗饮食

想要给狗狗创造一份优质食谱，你得改变现有饮食规律，很可能几天或几周内你就会感受到变化：愁人的健康问题可能会消失，狗狗会更有精力，毛皮更光亮，狗气味越来越淡，排便较少也越来越少排气。

但是，饮食发生根本变化，狗狗有时得花几天或一个星期来慢慢适应。优质、营养密集饮食可能会导致临时排毒反应，最常见的短期症状是排便较稀和废气更多。关于这一点，你可以通过为期十天的渐进式调整，最大程度减少狗狗自身系统的不适。除非你的狗狗对某种食物成分敏感或出现过敏症状，那么尝试换个质量更高的食谱，短期内就会让狗狗看起来更加年轻且精力充沛。

如果您觉得您的狗狗患有食物敏感或过敏症，请联系您的兽医来检查，或自行使用检测食品的肌肉检查法，具体参见玛丽·布伦南博士所著的《原生态狗狗》。

因素 2：玩耍

在你和狗狗之间建立并增强一座沟通的桥梁来共享乐趣和幽默是玩耍的精髓。如果你的态度是嬉戏，狗狗将快速地学到更多。当然你和狗狗在一起开心的时候也会减少自身的压力。一个温和的笑容会变得意味深长。正如幽默可以推倒不同文化的人们之间的沟通障碍一样，笑容也不会因物种之间的差距而被淘汰。

幽默是日常生活中始终存在的压力释放阀。开心、嬉戏和幽默的想法扮演着一个重要的角色。使用"有料"的玩耍，你能将训练变成一场游戏来进行。

帕蒂·鲁兹，知名的训狗师，他认为在训练中没有绝对的命令——一切都是靠技巧的。从狗的角度来看，这是有道理的。如果你让它感到有趣，你所要求的每一个动作，对于狗狗来说，都像是表演一个魔术。坐、卧下来、召之即来——这些都是与让狗狗做一些事情有关的，因为这是它的兴趣。玩耍不仅有益于你和狗狗的亲密度，而且能教狗狗把你当成一切好的事情的来源，从而有助于在其他各个方面使之产生信任你的行为。

你听说过这个故事吗？边境牧羊犬去看它的兽医。兽医告诉它伸出舌头并站在窗户前。狗狗照做了，然后问："这是为了什么？"兽医说："没有什么。我只是不喜欢街对面房子里的史宾格犬。"

我建议每天至少有两次 15 分钟时间的玩耍。比如狗狗用球轻推你并要求你来扔球，这是进行正面积极的狗狗训练的美妙方式，要求它做一些什么，比如坐下或者躺下，然后扔球作为奖励。除了取物，还有捉迷藏、跟踪和气味辨别（教一只狗用气味来分辨一个人或东西），拿 100 个不同的玩具并将每一个都放进玩具盒里，跳着追逐泡沫（无毒的）和拖拉。我目前正与一岁大的澳大利亚牧羊犬玩，它喜欢用自己的前腿推一个排球，所以我教他把球推入足球网里，这就引出一个要点：如果你看到狗狗做的一些事情看起来像是一场游戏，那么它就是一种游戏。

拔河

如果可以的话，拔河会是一个非常好的游戏。在每次玩耍时，你偶尔可以要求狗狗停下并从你的手里拿走物体。但是，它只能在你允许之后拿走物体。说"好吧"之后，再松手。七成的时间让狗狗停下，三成的时间允许狗狗拿走物体。

这里是玩拔河的几个规则：当狗狗把物体咬在嘴里，抓住另一端，防止它将物体放下，避免来回地晃悠物体，当然还必须学会"停止"。在放手之前，总是说"好吧"。

请注意，要避免玩追激光灯，因为这可能迅速转变成强迫症行为。还要避免暴力游戏，包括抓脸和用你的手或脚来玩挑逗游戏。挑逗游戏可能会无意中教狗狗撕咬，这显然是你要避免的。玩耍能影响到狗狗的身体、心理和情感的发展。正确发挥有助于发展狗狗的自我协调和狩猎以及自卫所需的技能。你可以通过加入敏捷性、飞球、放牧、追踪或是水类的游戏来提供各种好玩的刺激。

玩耍还包括玩具的使用，但玩具不应总是留在狗狗的附近和要它独自玩。如果你提供了玩具，狗狗会把注意力放在你身上，把你作为娱乐的来源。如果你是娱乐的来源，狗狗会更乐意听从你所说的，因为只有通过你它才能使用这些玩具。当然，你也可以设定一个界限以及放置一两个咀嚼玩具在它旁边，以此来减少它的厌倦度。

推荐玩具

磨牙玩具：尽管现在市面上的磨牙玩具琳琅满目，但训练中能使用的也就那么一小部分。我推荐磨牙骨头、填塞点心的橡胶玩具、牛肉棒、鸡肉条，这些会激发狗狗的兴趣，还能很好地按摩牙龈，持续时间也会很久。不过不管什么磨牙玩具派上用场，都要有个前提：你得在一旁监督着，千万不要扔给狗狗任何会碎成小块的东西，像动物蹄子、生皮带或者猪耳朵做成的口香糖，这些都是玩具下下策。

智力玩具：智力玩具也不错，这样你离开家工作时，就可以在里面塞上食物，像塞了点心的橡胶玩具和塑料小球还有宠物方块。这样它会一直玩得不亦乐乎，有点心掉出来的话，就都成了奖赏。

人类玩具：软飞盘、网球或是任何没有毒性的、狗狗又很喜欢的东西。我最喜欢的玩具之一是"去-狗-去"，其实也就是个网球发球机。你只要教狗狗把网球衔到桶里，然后机器会自动把球扔出去，狗狗再去捡，你只需安然坐在走廊上，看着狗狗来来回回捡球就好了。一只下巴很强健、能够轻松接球的狗狗，或是活力四射的狗狗，这个游戏尤其适合它。

尖叫玩具：这玩具不错，但你一定要记着在一旁好好监督，否则狗狗们总是喜欢努力撕开玩具，想要知道到底是什么在吱吱叫，而这很容易导致狗狗窒息。

泡泡：有些狗狗特喜欢玩泡泡。买些无毒的泡泡，再来个皮球。对了，知道狗狗最喜欢什么蔬菜么？牧羊犬花。

让我们开始游戏吧！从捉迷藏开始。还有哦，记着每天和狗狗说个笑话。也许它不能理解字面意思，但这种感觉它是可以完全体会到的。

因素3：交际

我们想让狗狗按我们的生活模式来，那么就得教它适应社会生活，这样它才能更容易和咱们的家庭、邻居和其他小动物友好相处。交际意味着要去刺激"看、听、闻、尝、触摸"这五感，就是融入生活和周围一切，能够接受挑战。"说到底，就是在错误中成长生存。"凯伦·欧文这样评价。

图 2.1 （智力玩具）

如果一只狗狗没有机会通过玩耍释放精力，其身体和精神健康将会受到损害。社会活动的缺乏将导致其健康问题以及强迫行为，如追逐尾巴、破坏环境（包括墙壁、地板和家具），无休无止地吠叫咀嚼，还有各式各样的侵略行为。由于缺乏身体、情感和精神刺激，许多家养动物总是没法和别人好好相处。

狗狗出生后的 16 周内，是塑造脾气行为的最好时机。幼儿时期，狗妈妈会通过触觉刺激狗宝宝如何适应社会生活，它会用舌头舔狗宝宝，告诉它该怎么控制大小便。它和自己的孩子说话，这是一种通过声音、触摸、气味和姿态传达的特殊语言。狗狗一天天长大，通过妈妈告诉自己的信息，对社会生活也会越来越熟悉。它开始知道和兄弟姐妹争着抢妈妈的乳汁，它开始慢慢学会自己天生的语言。

社交的方式有两种——主动和被动。你向狗狗介绍玩具、游戏、邻居、朋友和陌生人，这就是在积极主动地教它如何适应社会生活，要是被动的话，自然因素则起着更大的作用。不在你身边时，狗狗学着自己用眼睛看、用耳朵听、用鼻子闻、用爪子触摸，去了解去感知这大千世界：动物、植物，还有生活环境。显然，给它提供良好的环境是非常重要的。

它得到的越多，它越可以更好地适应环境和这个社会，也越容易面对涌现的压力而塑造自己的信心，但这里一定要注意，千万不可以把它置身于对它生命有致命危险的环境中。

狗狗会通过玩耍、被打扮、训练和每天的挑战来增强自己的社交性。让狗狗到处都去——你的车、办公室、超市、公园、狗类培训场所并面对来访的朋友和亲属，即使没有预约也可以找个机会带它去兽医办公室（但注意你不可以在做这些训练时离开狗狗！）。

接下来我会给你一个在你的小狗成熟的各个阶段你所要学到的一般性概念。这些阶段可能会因狗狗大小和品种不同而有所不同。切记每只狗狗都是特殊的，并且不要超出它的能力范围而要求它。身体、精神、情感和社交上，每个狗狗都有它自己独特的个性、能力和独有的做事方式。这些技能是在学习、复习、反复学习中而习得的。

成熟阶段

接下来是狗狗在它生命中头三年将经历的阶段：

8~10 周

在这个阶段，一旦狗狗遭遇严苛或恐惧的经历，则很难消除这种不好的记忆。也就是说在这两周内，一些尖锐噪声和粗暴对待都可能对它的未来行为带来负面影响，需要几个月甚至几年才能从这期间所受到的惊吓中恢复过来。但很多事情是不可避免的，比如吸尘器的声音、一个孩子正在大发脾气或厨房的平底锅碰撞的声音。也许在我们收养一只狗狗之前，它就已经遭遇过以上问题，你只能通过应对这些不良事情的反应来帮助狗狗塑造正确的行为模式。让我们假设一个场景，你无意中将一个平底锅摔落在地板上。狗狗的本能反应可能是逃跑并躲藏起来。你的第一反应如果是哄狗狗并对它说："我很抱歉，你没事吧？一切都好，别担心。"然后你抱起它并拥抱和亲吻它。这种情况下狗狗学到的是：（1）

很大的噪音让人害怕；（2）人类在增强恐惧感。虽然我们正常爱的表现是支持我们的小狗，并试着慈爱般地减轻它的恐惧，但实际上我们却加强了这种恐惧。那么当锅掉下来时你该做什么？应该立即启动"快乐对待"的路径。你瞬间变成一个伟大的演员并说："耶！锅掉了！里面还有一块烤鸡，是不是很好玩？"然后喂它更美味的食物。你这样做就会改变它对这个锅的恐惧感觉，从而通过重新定位，使它从恐惧中摆脱出来。这是由你快乐的反应以及将声音与食物相关联的方式所取得的效果。在接下来的几周内，你可以通过坠落锅以及其他意外的声音练习使它不再敏感。最终它就会知道："哦，只是一个锅掉下来了而已。"

第8~14周

这一时期与前一期有所重叠，因为它是从第八个星期至第十四个星期，在这段时期内小狗将会掌握所谓的初级社会化阶段。当然，没有两只狗会以同样的速度经历变化的。

我想强调的是：这段时期内的社会化训练对狗狗未来的性情或行为有着很大的影响。在这一阶段继续给它施以社会化的积极训练，并且终其一生是非常重要的。

社会化训练会建立狗狗的自信并且发展它情感的"反弹"能力。这就意味着它更多地与周围环境进行互动联系，并被允许在它去探索的过程中犯错误，它将变得更加心平气和。培训内容包括家庭训练和开始的行为训练，比如教会它坐、躺、站、待着、过来和随行等等，同时非常重要的是：在这段时期，你还要教会狗狗控制它咬的力量。在早期，狗狗会很快学会这些训练内容。

很多兽医建议，为了免受健康威胁，在狗狗生命的头四个月内让它待在室内或在你私人范围内，直到它完全接受了疫苗注射。这种建议实际上会阻碍狗狗的稳定特质和非侵略性行为的形成。

初期社会化阶段的活动范围其实很小，你一定要尽你所能教会狗狗去爱人和动物。当然，如果你想让你的小狗脱离健康风险，也有必要避免让它接触附近你不熟悉的狗或那些你知道的有行为问题（这些狗有攻击性或性情粗鲁）或健康问题的狗狗。

你应该避免带它去那些不欢迎狗狗的地方。不是每个人都喜欢小狗。（尽管难以置信！）

这个方法是要你尽最大努力控制好你的小狗所待的环境，给它以安全，并给它提供机会来安全探索它自己的新生命。我建议你列出打算让它要经历的社会化训练的清单。每一天，你都可以记录这些社会化训练，这也将鼓励你继续下去。

小狗交际练习

以下是一些让狗狗学会交际的建议。

触摸狗狗：半抱起狗狗，轻轻地抚摸它并和它说话。刚刚把小狗带进你的家就要开始这样的抚摸和语言沟通。每天持续地抚摸它好几次，偶尔在抚摸它的时候喂它一些可口的美食。逐渐延长抱着它的时间，直到狗狗在你抱着它的时候一直信任你。每天让狗狗认识一个新的人，包括儿童、成人、男子、妇女等等。让每个人重复你在做的事。这里的关键是短时间的抚摸、美食款待、动作温柔、使它开心和做一些运动，使抚摸成为它的积极经验。

环境强化练习：随着小狗的成长，让它探索安全的周遭环境，不管室内室外都可以，并且放置一些玩具和新颖的刺激物，如在客厅或院子里放置不同大小的球（棒球、篮球、沙滩球）、动物标本和草坪工具。还有一个诀窍是汉赛尔和格莱特的游戏，就是在路上放置一些好吃的东西来引导狗狗走向陌生的新事物。如果环境足够安全封闭，让狗狗独自待在那里并观察在没有你的时候它会做什么，这样可以让它学会勇敢而不是一直在你的帮助下成长。

介绍其他动物：你当然要给你的小狗引荐其他动物，只是要在严格的监督下进行。

项圈：在给狗狗喂食之前，在它的脖子上放置一个项圈。在狗狗进食完之后取下它。重复做三天之后，就可以一直把项圈留在它的脖子上。**注意**：如果你还有一只狗狗，它们在玩耍的时候喜欢抓住对方，为了安全起见，你要取下项圈。小狗和较大的狗狗可能会被项圈卡住咽喉，有时甚至会窒息而死。

狗狗幼儿园班：记住，在早期越多地和狗狗交流就能越多地塑造它的性情。在你的小狗和其他狗狗一起玩耍的时候，给它找一个宠物狗狗幼儿园是非常不错的方法。

4~8个月

这一阶段被称为"第一次独立"的阶段，这一时期，是一只狗狗真正开始尝试了解你。这意味着这只狗基本上弄清是谁或是什么提供了它在生活中的最大回报：你或大自然母亲的风景、声音和气味。虽然狗狗在开始六个月内一直记得要接近你，但是，它会突然就不听你一再发出的呼唤而返回到你身边。牢记这一点，始终保持狗狗安全地在你身边范围或用皮带牵着狗狗。我有许多客户曾跟我吹嘘他们六七个月或八个月大的狗狗会可靠地依赖在他们身边，并且一呼唤就会回来。接下来你知道的，我听说他们的狗狗都跑了，跑去追一只松鼠或另一只狗狗。

在这一时期，也是它开始换牙的时候。请确保提供足够的适当咀嚼的玩具，以避免它在换牙期间出现咀嚼和乱咬的问题。总之，保持你对日常乐趣的训练和社会化练习，但一定要按狗狗的学习能力来做。并且保证狗狗的安全！

在多条狗的家庭，狗狗们表现出一些非伤害性的攻击行为是其成熟过程的一部分，而且是正常的现象。玩攻击游戏能教狗来控制它们咬的力度，而受伤是罕见的。如果你感觉它们玩的时候强度过大，如一只小狗汪汪地叫，而其他的狗继续撕咬甚至见血了，要将它们分开且打电话给专家。

这种程度的攻击：一只狗故意伤害另一个，是攻击游戏的不正常的行为。这可以归因为遗传因素和/或在它生命的开始14周内缺乏适当的社交。

6~18个月

虽然我不喜欢人格化，但是我将使用更多的与人类发展阶段相关的术语来更好地解释这一阶段。也就是说，这段时间是狗狗的"青春期"，也是性成熟时期。狗狗继续它的探索，学习什么行为会产生积极的后果和什么情况要避免发生。但在此期间，基于基因的遗传和目前它自身多少社会化的完成，很可能它的探索会多一点独断甚至侵略性。它可能突然有一刻不愿意尝试新的东西，这时候就是你作为狗狗的监护人和老师的责任了——不管它在任何时间变成什么样，你要继续保持你的爱心、耐心和一贯的做法。

这个时期是做绝育的传统时期。不过最近，有很多兽医会将狗狗绝育的时间提前到8周大的时候。在这方面，我没有太多的数据来证明是否可以，所以你需要在狗狗绝育前与医生取得联系，来确定狗狗的最佳绝育时间。而如果你想让你的狗狗繁殖的话，请务必确保狗狗和它的孩子们一生都能得到科学、正确的养护和保护。

在11或者12个月大的时候，狗狗可能会强烈考验你的耐性而且会表现得像青春期的小蠢蛋一样。你无须担心——这只是它成长中的一个过程而已，这一时期也可以看作是上帝给狗狗的礼物。这段时间，它可能做了双重性格的事，可能会来回地蹦跳，表现得像失去了控制一样，之后，它回到自娱自乐天性快活的状态——"我将为我的主人做任何事"。你的原则是要有耐心，行为保持一致，并继续持有你作为守护者和保护者的体恤。

18个月~3年

这是狗狗成熟的阶段，行为模式开始固定下来。使用合适的训练方法，你可以在很短的时间内获得它稳定的行为。然而并不是所有狗狗到了18个月大的时候就都已经学会了回应你，且有非常好的行为方式。体型小的狗狗比体型大的狗狗更早地成熟。一些狗狗达到成熟期的时候早于18个月大，也有一些狗狗直到三岁才可能达到成熟。

培训过程中将会有波动起伏，但如果你坚定不移，肯定会发现，狗狗在真正地开始学习它在家庭里扮演的角色和了解别人对它的期望。由于这一阶段狗狗的可靠性行为增加，所以这是让他接触动物辅助治疗机构的好时机——有计划地带它去医院、疗养院和学校。

有时两只一直友好的狗狗可能突然看起来有分歧。发生这种情况最频繁的是雌性的姐妹，甚至两个不相关的雌性。当然两名雄性也可能会更加暴躁相向。一致的培训和社交训练将帮助狗狗学习如何和谐地生活在一起。在大多数情况下，它们能明白不用通过侵略攻击行为就可以得到自己想要的。但是，如果狗狗还是具有侵略性的问题，请立即找一个专业的教练。

社会助长作用

理解心理学上的"社会助长作用"一词的概念将对此有帮助。如果一只狗在啃着骨头，那么第二只狗也想啃——通常通过偷取骨头的方式来达到目的，即使它已经有一个了。如果一个小狗从一个碗里喝了一口水，所有的小狗都会想要去喝一口。如果一只狗开始挖土，其他狗狗就会认为："那边是什么这么好？我最好开始和它一起挖。"这也是一个使狗狗对新玩具有兴趣的方法。首先你对一个新玩具表现热忱，然后就会发现狗狗的兴趣在逐渐增长。

当然，社会助长行为也会让人与狗狗之间形成某些联系。狗狗往往会效仿我们的情感和行为。当我做私人咨询时，我发现往往是人们在不经意间，由于自身的恐惧教会了狗狗具有侵略性行为。帕米拉·瑞德博士在《过度稳健学习》一书中说道："人们一直在社交上会经由社会助长行为来传递恐惧给他们的狗狗。夜晚妇女提防身边经过的男性可能会很快地导致狗狗凶狠地对着男性吠叫；有些人有时会假设或者害怕有人在后面跟着自己，他的狗感觉到了这种紧张，也迅速地具有了同样的恐惧，并且将害怕转移到所有陌生人或所有的狗狗。这类问题使治疗难度增大。简而言之，在很多时候，我们与我们的狗狗交流情感时，负面情绪直接影响到了它们的行为。当然，很多正面的情绪也能由人传给狗狗。"

要素4：安静时间

就像人们有时需要点活动之外的自由时间一样，狗狗也得有这样的空间，它在那里可以不受打扰，自由自在。找一个狗狗可以去且不会被打扰的地方，给它一个干净的窝：铺上大的棉地毯或垫子、一个狗屋、桌子下面或者一个狗床都可以。

如果你有孩子，要教他们尊重狗狗的安全区域。而在假期，你的房子里挤满了开派对的朋友时，这一点也尤其重要。

因素5：运动

想要维持最佳健康状态，和人一样，狗狗需要做以下四种运动——有氧运动、力量运动、伸展运动和平衡运动。对狗狗来说，奔跑是最常见的有氧运动。当然，狗狗平时玩耍嬉戏其实都是在进行有氧运动，因为不管它是在追球、飞盘、还是泡泡，都是要跑来跑去的。飞球运动和敏捷训练，也是奔跑的好时机。每只狗狗每天都要做至少15~20分钟的有氧运动。这能为狗狗提供所需的终极营养——氧气！您也可以将之与玩耍结合起来，既简单又有趣。

至于力量运动，随时都能加入到狗狗的日常行程里，像爬山、穿越雪地沙漠，当然还有游泳。你可以教狗狗负重背包，你还可以把它拴在购物车或货车把上，让它拖着你的孩子满大街跑，这些都有助于增强狗狗肌肉的张力和强度。当然，首先，你自己得有一个清晰的辨别能力，哪些该做哪些不该做。像爱斯基摩犬可以用雪橇拉一个孩子，但对吉娃娃犬来说，就算你真有一架迷你玩具型雪橇，对它也没什么好处。狗狗的机体能力、年龄、健康状况，还有你的训练方式，这些都会影响它的力量水平以及各种力量运动如何发挥作用。

伸展运动对于保持韧带、肌腱和肌肉的柔软度、灵活性以及健康都大有裨益。当你和动物们待在一起，会发现它们身上本能的伸展倾向。为了尽量避免肌肉拉伤，人们逐渐意识到运动前先舒展身体的重要性。如果你想要狗狗每天按时运动，那就得让它多舒展舒展，这样它才不会受伤。最好的伸展方法就是每天给狗狗做个按摩，时间不用太久，只要五分钟，好处却很多。

除了对治疗大有裨益，按摩也是促进你和狗狗感情交流的好时机。在《健康抚摸》一书中，麦克·福克斯说："对于所有社会型动物来说，温柔的爱抚对幸福感以及正常生长发育至关重要。母亲舌头温柔地舔，主人双手轻柔地爱抚，这些都是神经系统需要的刺激。就像幼苗没有太阳不能茁壮成长，动物没有爱也不能安然存活。通过触摸，这种爱的能量才给予和回报。"

此外，给狗狗按摩对你自己也有好处，《四只爪子，五项指南》里是这样表述的："华盛顿国家大学兽医学校在上世纪80年代研究表明，抚摸和接触动物有助于人们降低血压、提高自尊，建立幸福感。"

施瓦茨博士在书里这样分享了下列按摩技巧："你最熟悉的按摩类型或许是用掌心和手指头。这是众所周知的'轻抚法'。长时间的轻抚对腹部或者颈部背部的大块肌肉组织有好处。大多数的动物都享受轻抚。力度要根据动物的反应来控制。如果太重它会挪动，如果太轻它会试着接近你的手指。"

另一种有用的轻抚就像摩擦运动，称为"摩擦"。使用你的指尖来做前后的按压运动，通常是缓慢的开始，大约每秒一次，然后逐渐增加到每秒两次。我一般推荐在肩胛骨和臀部之间按摩，或者沿着胸部中间，在前腿和腹部指尖按摩。

最后一类是平衡练习，包括走木板和平衡板、在跷跷板上保持平衡和荡秋千，这些练习能极好地让狗狗树立信心。对于一些狗狗，你可以增加以乞讨的姿势坐着、单独用前腿或者后腿走路和攀爬梯子的练习。但是，这里有一个常识：小狗、老狗和体型大的狗在做平衡练习的时候有一定的限制。最好的教狗狗保持平衡的方法是：在你家附近安装必要的设备，给它引入一个锻炼敏捷性的课程。

因素6：工作

如果你不给狗狗分配点事情做，它们可不会闲着，会给自己安排任务。它会成为辛勤的园丁，你家院子所有的鲜花蔬菜都会被再种一遍；也会成为迎宾"小姐"，只要有人拜访，它都会跳到人家怀里，用舌头舔着客人表示欢迎；要是半夜狂风袭击，它还会自动发出警报；它还是家庭装潢师，总是不断改变着家里枕头和家具的摆放；一旦发生紧急情况，家里任何地方失火，它都会冲上去扑灭。身体、精神、情绪三者无法和谐，是人们和狗狗相处不融洽的主要原因之一。给狗狗点儿工作，不仅刺激了它的运动，无形中它也会更有上进心和自豪感。

为了方便解释这种"工作"对狗狗生活的重要性，我提出了"犬类货币"这一概念。所有动物天生就有为了生存不断努力的本能，这体现在觅食、躲避食肉动物或其他危险中。它们甚至努力彼此交配，抚育下一代。多数情况下，我们把狗狗带回家就意味着它永远都不用再工作再劳动，这也就形成了所谓的"失业"状态。为了填补这种空虚感，狗狗会努力做其他事情，它会看护孩子或者给邻居取报纸，它还会护食、护玩具，忠心耿耿地看着家，不让邮递员甚至是善良的邻家阿姨接近。有时，狗狗如果实在无事可做，就会啃咬家具甚至它自己，还会撕扯地毯或者破坏盆栽，通过这些过激行为，表达着自己的无聊和烦躁。

如果你开始在生活中运用犬类货币这一理念，那么如果狗狗做了什么工作，你就得付给它报酬。于是，狗狗开始为货币努力，其实也就是食物、情感、玩耍，以及一些特殊权利。为了生活不断努力工作，这对狗狗是全新的挑战，让它们融入实实在在的生活，这样狗狗才不会觉着无聊，每天才会更有目标。要是你坚持"天下没有免费的午餐"这一原则，狗狗一定会兴高采烈地努力工作，比如衔回玩具、玩把戏、做游戏等。像我的狗狗莫莉会接电话；如果收账的人来的话，它还会将账单自动扔到废纸篓；它还能敏捷地衔回掉到水里的球，给我看车（当然是非暴力的）；我们的"动物辅助治疗计划"也称"手拉手"，有时需要拜访一些小学，莫莉还会做20多种不同的杂耍逗小朋友们开心。看，它做的这些工作可真是不赖哦。

因素7：休息

狗狗应该睡在哪儿呢？狗狗属于群居型动物，和家人待一起的话，它们的健康状况最好。人类驯化了狗狗，我们便成了它们的家人。狗狗床铺的最佳地点应该就是在家庭成员的声音气息范围内。你喜欢的话，让它在你床上也没有问题。但是，切记，只有经过你同意，狗狗才能睡在你的床铺上，这是个不错的训练机会。在你允许狗狗爬上床之前，首先你要命令它坐下或躺下，如果它乖乖的听话，作为奖励，你就可以欢迎它跳到床上来。让狗狗睡在卧室里，这能促进你们间的关系，而这样做的好处，我说也说不完。

狗狗一天要休息16个小时。就像我们一样，不受干扰、高质量的睡眠意义重大。所以，要记着教孩子不要吵醒正在睡觉的狗狗。有时狗狗睡着时会梦见奔跑而发出嘶吼，孩子们看到就以为它在做噩梦，总是想要叫醒它。事实上，对狗狗来说，这是睡眠常态，换个专业术语，就是快速眼动睡眠，表明它做了很多梦。人类也是这样，快速眼动睡眠其实很重要，因为这是睡眠周期的一部分，能够帮助排除压力，它一般发生在睡眠阶段之前或之间，也就是无梦状态之外，无梦状态下身体能够得到最充分的放松。不管是快速眼动睡眠，还是无梦状态，都对个体健康很重要。一句话，睡觉的狗狗，最好别打扰。

因素8：训练

鉴于本书大部分章节都在讨论狗狗训练，在这儿我就简单说说训练应该怎么和其他八个因素配合。积极训练法是一种尊重狗狗自身情况和情感的方法，只要你遵从狗狗的知识接受能力并尊重它的话，你的狗狗都会在你提出要求时积极响应。那每一次训练要多长时间呢？每天坚持三到五次训练，每次花个三到五分钟，这比两个漫长的训练要有效得多。我建议大家早晨两次，晚上再来两或三次。许多人发现，利用电视广告的空档做几次训练效果实在是太好了。

因素9：卫生保健

狗狗的年龄、大小、品种以及遗传基因不同，卫生保健的需求也会随之不同，因此，到底该怎么照料狗狗，你需要参考宠物医生的建议。适当给狗狗美美容，也是保健卫生的重要部分。每周至少要打理狗狗的毛发、皮肤、指甲以及耳朵一次，如果条件允许的话，每天要给狗狗刷次牙。如果能多几位成员参与照看狗狗就更好了，这样能够更好地促进狗狗与主人间交流，从而更好地融入彼此的生活。

相比替代治疗方式，西药一般更有侵害性，副作用很大。

我更欣赏那些治疗中坚持全面健康保健的医生，要知道有时很多问题只要借助针灸、顺势疗法、捏脊、草药就能轻松治愈。此外，您还可以咨询天然食品商店、瑜伽学校或全科医生。

接种疫苗

我在本书社会交往部分就说过，幼犬出生后的14周内，一定要让它尽可能多地接触外面世界的阳光、声音和气味，这一点至关重要。比如，在朋友或亲戚家，或者幼犬课堂这些熟悉的环境里，让小狗狗学会和其他狗狗一起玩耍。不过，这点有些令人左右为难，因为要是周围有哪只狗狗感染了传染病，你得保证自己的狗狗远离可能的接触源区。为了安全考虑，你得把狗狗带走，除非它接种了疫苗或在医生建议下采取了其他保护措施。到底该接种哪种疫苗或者是否该接种疫苗，这在兽医界一直存在争议。有时他们也会推荐同类疗法制剂，作为传统疫苗的分支，这种免疫方式效用更自然。而有些人则认为疫苗非但起不了免疫作用，还会导致疾病或是引起不良反应。还有些人则质疑疫苗及加强注射的频率。疫苗接种研究的领军人物——吉恩·多兹博士称："研究表明，针对目前狗或猫重要的临床疾病，疫苗的免疫性一般可以维持至少5年。"不管是还处在加强注射年限间还是根本没有注射加强针，通过测量血清疫苗抗体浓度，都可以确定免疫记忆强度。疫苗抗体滴度检测，可以测量抗体强度，确定动物之前所接受的疫苗是否还具有免疫力，帮助动物抵御可能的传染性疾病。先做一个这样的检测，这比直接注射加强疫苗要安全得多。

说到底，疫苗接种到底什么方案最好，还是得在和你的兽医商量后自己决定。

综合九大因素

想要你的幼犬或是新来的狗狗更有安全感更有自信，制定每天的日常活动将会很有帮助，对家庭驯养也很有好处。下面是一份日常活动样本，你可以和狗狗一起试试。当然，每个人的安排都各有不同，可变因素也很多。看一看，选出那些适合你自己和你们全家的部分，尽量坚持下去。如果有任何问题，请您联系使用非暴力方法的专业训狗师。

日常活动推荐

上午 7：00~8：00

带狗狗出狗舍。打开门前，先让它乖乖躺下或坐下（奖励就是打开门）。松开它链子前你得先说"好"，首先命令它坐下或躺下一秒，然后再开门，开门前让它保持这一姿势不乱动。

带狗狗出门。如果它开始不断打转，这儿闻闻那儿嗅嗅，或是眼神里散发着它想要小便的信息，你得赶紧把排便过程缩短。如果它取得了成绩，要记着夸夸它，再给它来点奖励。然后带它回家，让它仔细看看，然后和大家打招呼。

谁想摸摸它，都得先命令它坐下或躺下，它要是不听话，就不要理它。这里有个诀窍，它排便后你就带它玩至少 2 分钟，这样，它就不会想当然地把排便视作玩乐结束啦！

给狗狗喂食。给它食物前一定要记着训练它过来、坐下或卧倒。

吃完饭 15 分钟后，带它出去方便，再散个步。（注意：幼犬在带出去前必须要先接种疫苗。）遛狗时不要拖拽，不要让它随便就坐下或卧倒，尤其在人来人往的大街上。用质量好又美味的食物当作对它前进或听从指示后的奖励，比如牛肉棒，或是塞了食物的玩具也行，比如漏食球，但不要给它啃咬猪耳朵、猪蹄或生牛皮之类的东西。

上午 9：00~12：00

休息时间

下午 12:00~13:00

带狗狗出去方便。（进门或出门前，记着让它坐下或躺下。）

不管进门还是出门，都要练习 1~2 分钟的坐下、躺下、停留、过来或者捉迷藏。要有趣一点，比如换换顺序，换换奖赏。

扔玩具，跟它一起玩，让它追着你跑，但你不要追逐它。和其他人正面友好交流，记着哦，一定要给狗狗奖赏还有感情哦。

下午 13:00~17:00

休息时间。如果狗狗要独自待很长时间的话，你可以考虑让遛狗人中途探望一下。

下午 17:00~18:00

带狗狗出门方便。

重复所列活动。

带它出门遛遛。

训练它蹲立、自动随行、坐下、过来、躺下、等待。

教它与人互动。引导它遵循"待人友好"协议（向人们解释它尚在受训）。它表现好的话，一定要记得夸奖。

晚上 18:00~22:00

在你的视线范围内，让狗狗自由待着，或者把它关在狗舍里，或是拴在你家周围一定区域里。玩玩诱导游戏，你可以看看电视、读读书，或是在电脑上工作一会儿。给它点儿质量好又美味的食物，让它随便咬咬，像牛肉棒、鸡肉块，或者是塞了食物的玩具，比如填塞点心的橡胶玩具。不要忘了一周一次的狗狗训练课。

晚上 22：00 以后

带狗狗出去方便。

把它关在狗舍里或拴在你的卧室里，结束一天，睡个好觉。

第 3 章　压力与狗狗行为

很多年前，在一个大型动物园里，有段时间灵长类动物变得越来越虚弱，一个接一个地死去。专家经过大量研究后认为，这是因为猴子们的免疫系统缺乏压力而受到了损害，也就是说，它们每天的生活过于单调沉闷，缺少必要的生理、心理和情感上的刺激。于是，管理员们建造了一个栩栩如生的"食肉动物"——一个机械狮子，每天它都会时不时地出现在树丛里并嘶吼几声，猴子们就会尖叫着四处窜跳，逃到安全地带。这其实就是种模拟的威胁，可以刺激猴子，帮助它们改善健康，延长寿命，从而也加强了它们的免疫系统。由于它们总是能成功逃离"捕食者"，这也就成了一种积极的压力和刺激。

世上所有物种，不管是狗狗还是人类，生活中都需要压力。我们需要不断被挑战来保持健康、维持进化；我们也需要积极应对并成功适应这些身体、情感和精神上的挑战。研究表明，如果动物在没有任何生理和情感刺激的环境下被饲养或是压力不足，那么它们的大脑皮层中灰质含量会较低。

也就是说压力缺失会危害它们的健康成长。

对于狗狗和人类来说，不管是面对积极还是消极压力，身体都会自动回应或是感知环境中的变化。这些变化很平常，包括工作迟到、遇到工作截止日期、付账单或是家人回来的时候做顿饭。当然，外部压力还包括一些更大的事件，比如被雇佣、被提拔或被解雇，比如结婚或离婚，搬家、生子、生病或者遭受极热或极冷环境等等。

你的身体同样也会回应机体本身的内部环境变化。这些压力源包括诸如愤怒、忧虑这类情绪，或是真实或想象中任何你认为会对你产生威胁的东西。到底该如何看待世界对我们的影响，这点很重要。如果我们可以学会改变对日常生活中一些事件的感受，那么也会对我们的健康幸福造成更小的负面影响。

到底什么是压力？

收支平衡的话，你应该不会有任何压力，一旦你的财务出现问题，或者你认为你的支票余额可能会透支，就会给你造成巨大压力。当然，压力也是因人而异的——有些人压力之下反倒越挫越勇，而对另外一些人来说，简直就是天塌了下来。

不管任何压力事件都能够激发我们的生存本能，自穴居时代开始，这便深藏于我们的遗传密码里。这被称为"战斗或逃走反应"，也就是说我们面前有两个选择：要么与敌人勇敢斗争，要么就赶紧逃走。当然，如今我们很少有机会像祖先那样感受所谓的"生死攸关，命悬一线"的处境，但中枢神经系统对压力作出的反应仍属于这种本能反应。现在，让我们做个假设，最后期限即将来临，于是开始了一系列反应：心脏开始怦怦直跳，血压紊乱，脉搏急速跳动，排汗量增加，身体释放肾上腺素，导致消化道系统关闭和类固醇激素皮质醇涌进血液，提升能量水平，增加肌肉力量；同时，血液流向肌肉，瞳孔变大。压力还会导致我们不自觉地把呼吸从较长变成很短很浅，因为这样的话，我们所能吸入的空气量也将大大减少。

每当你感到威胁，战斗或逃跑反应就会自动开启。但是，就像我前面说的，有些威胁不一定有那么极端，如果每次老板叫你名字或每次狗狗开始吠叫，你都会受惊，你的身体便会自动作出这种反应；要是这种压力一段时间内持续发生，你一整天都会这样紧张兮兮，就会完全忘记该如何放松。一段时间后,在经历这种非所谓的抵抗阶段后,你的身体逐渐能够处理日常生活的压力,那么你就将保持健康,而如果一旦进入筋疲力尽阶段,你的身体就承受不了了,就会导致疾病和损伤。

压力门槛值

如果太多刺激一次性呈现时,或者说太多压力累积,压力门槛值就会受到损害;换句话说,就是一下有太多压力需要应对时,这种累积的压力、压抑的精力就必须得到合理释放,要不然你或者狗狗就会容易憋出病或是发生意外。这样想一想:有一天,你刚带狗狗看完兽医,一到家朋友就带着不太友好的秋田犬来拜访,孩子们也放学了,吵吵嚷嚷,有人踩到了狗爪子,有人打开了电视,音量很大,秋田犬虎视眈眈地盯着你的狗狗,接着门铃又响了,有人拿着个包裹进来了。怎么样?能想象得出来这种场景吗?这时候你和狗狗都超负荷了。这就像堆积木,一旦压力累积得超过了它所能应对的门槛值,狗狗就必须发泄,要不然这种超负荷的压力很可能导致一些过激行为。这个时候,如果它咬人,就很自然了。

难以预测未来,这似乎是最大的压力之一,某种程度上说这意味着我们对自己的生活感到无望或无力。试想放在一只狗狗身上会怎么样呢?它们每天的行程都是固定不变的,那么一旦这种固定行程消失了,又会发生什么呢?

这样想一下,你不知道你下一顿饭在哪里,不能去你想去的地方,又或者拐角处有东西在等着攻击你,你会怎么办?如果动物一直处于这种"我不知道下面会发生什么"的状态中,压力也会不断增大到难以忍受。首先,了解狗狗和它的压力门槛值,这是建立健康环境的第一步,下一步就要知道该怎么处理,还有其他一些事项,这都是本书所要介绍的。

所谓"压力应对"是指一种通过减少压力来源或提高个人压力门槛

值来应对压力的能力。每只狗狗都是一个独立的个体，都有着自己处理压力的独特能力。但是要知道，像这种自觉处理超负荷压力的能力，它可没有。不过它的压力门槛值倒是可以在你的帮助下提高。比如，如果小朋友不小心踩了狗狗的爪子，它的第一反应可能就是咬一口，但如果通过系统脱敏训练和对抗性条件作用，那么再遇到同样的情况，狗狗就会选择跳起来或是请求奖励。

所谓脱敏是指在一段时间内，通过一点一点增加压力让狗狗逐渐习惯威胁，直到它意识到之前的压力事件其实没什么大不了，甚至是积极的。许多物种不断被培训以接受痛苦经验，有些动物甚至被要求学习加速可能发生的伤害性事件。

例如狒狒和其他灵长类动物，它们得学着乖乖伸出手臂，好让兽医可以注射做血液测试，还有像食人鲸滑出水面，举着翅，也是一样的原因。人们还训练大象自觉把巨大的脚掌举过栅栏，这样看护人员才可以为它们挫平指甲。像这些行为的塑造，都需要经过一段时间的训练，且需要特定的训练环境，这是训练动物成功的基础。

狗狗的四种压力表现方式

狗狗基本上通过口头、发声、生理、心理这四种方式来表达它们的压力，具体表现形式包括以下几种应激行为。

口头方式： 舔或咀嚼家具、毛皮、自己或人的身体。

发声方式： 大声吠叫、低声鸣叫、轻声嘶鸣。

生理方式： 抓痒、跑来跑去、挠扒或跳跃和较不明显的形式，如瞳孔放大、眼睛闪烁、打呵欠、在地面上嗅来嗅去或转圈，以及其他一系列形式。

心理方式： 反胃、气喘吁吁、汗津津的爪子、流口水、流鼻涕或呕吐。

像这些表现对其他的狗狗来说都有一定含义，也是一种语言。图里德鲁格斯，挪威的行为专家，将这些行为称为"平静信号"，心理学界则称之为"位移行为"。像眼睛闪烁、东张西望、嗅地面、把头转到一边、舔嘴唇、打呵欠这些，都被视为"平静"的标签。换句话说，这些信号就是压力的表现，方便狗狗交流。所以，你要密切注视狗狗，学会发现它在"想"什么，它在"说"什么。只要我们予以关注，这些行为其实很容易识别。比如要是狗狗开始喘气、流口水、打寒战或是爪子汗津津的，这就表明可能它正在接近它的压力阈值。

为什么这些很重要？因为一旦狗狗达到它的压力门槛值，学习行为就会停止，狗狗就会处于生存模式。许多收容所的狗狗都经历过这种艰难时期。要知道在收容所，它们的"战斗或逃跑"反应可能一天就会被触发个数百次，在这样疲惫的环境下，很容易发生侵害行为，狗狗的健康自然也会出现问题。这样的话，我们也就可以理解为什么狗狗需要那么久的时间信任一个收养它的新主人或新家人。所以一旦你学会识别狗狗的压力门槛值，你也就进入了一个新水平，可以和狗熟练交流，生活也会愉快得多。

人类的压力为何会导致虐待行为

和狗狗一样，失落情绪也会对我们人类造成伤害。如果我们总是把它悄悄掩藏起来，不断压制它，也会对我们的身心健康产生消极影响，这种压力甚至可以引起头痛、溃疡和其他各种严重的健康问题，还会导致酒精或药物滥用。一旦对他人身体或情感造成伤害时，这个问题就更严重了。当人们把压力转移到狗狗身上时，似乎可以缓解原本紧张的情绪，但这个过程却让狗狗遭受了原本并不想要的痛苦。下面让我们一起来看看这样一个典型案例，压力被转移甚至转变成攻击。"一个人在办公室度过了糟糕的一天，回到家，他踢打狗狗。"这个例子引发的情形大致是这样：

1. 这个男人回到家，通过以往经验，狗狗将这个人的肢体语言立即联系起来，识别出了他的图像、声音和气味线索，比如此人的呼吸深浅、呼吸受限、肌肉紧张度以及散发出来的荷尔蒙气息。

2. 于是狗狗想起这个人曾经对它大喊大叫、随便殴打，或任何它看得到、听得到、闻得到的消极行为，接着它便会下意识地夹起尾巴，收回耳朵，下蹲，翻身再舔嘴唇。就像是一个人受到威胁，他就会努力表现得恭顺、畏缩、颤抖甚至直接逃跑，狗狗也是一样，它的行为就是一个信号，它尽力做着自己所知道的事情，试图告诉这个人它一定会乖乖听话。用人类的语言，狗等于在说："好吧，我投降了。你没必要再变本加厉，你没有必要伤害我。"

3. 但这个人却无视狗狗的感受，继续发泄白天的不快：摔门、大喊大叫、乱扔桌子上的信件。

4. 看到这个人还是继续使用相同的身体语言，狗狗就以为自己的顺从行为还不够，还得更恭顺一些，于是它在波斯地毯上小便，实际上是想说："看，我多听你的话。"

5. 这时候，这个人的注意力就转移到狗狗在地毯上小便这件事上了，原本就没有解决的怒火被转移了。于是他大喊大叫、大声呵斥、拎起狗狗的颈背不断摇晃，接着就把他摔出了门外。

6. 现在，狗狗真的开始遇到问题了。它拼了命想要讨好主人，却没有任何效果。

像这种情况，狗狗什么也没学会，到底该做什么它依然一头雾水，并开始表现出更多诸如咀嚼、挖洞、逃离院子甚至咬人这类不良行为，而这只会给它带来更多麻烦。很多人打电话给我，通常也都是咨询这类问题，当然前提是如果它够幸运，还没有被执行安乐死的话。下一章中，我会分享更多方法，以便你可以为狗狗和你自己建立一个压力应对程序。

第4章 主人情绪与狗狗行为的联系：呼吸之桥

几年前我进行过一项非正式研究，咨询了30名专业训狗师：关于狗狗的行为，到底多大程度上会受到人类情绪的影响。结果，普遍认为至少有50%的家养狗狗的行为是受其主人影响的。也就是说，人们的感情、情绪等是狗狗行为的重要影响因素，换句话说，交流是可以被影响的。

大多数人都体会过这种和狗狗间情绪、行为方面关联的经历。我们不高兴时，狗狗也会不高兴；我们开心时，狗狗心情也很好；我们害怕，狗狗可能也会感到正在受威胁。狗狗很聪明，它会学着将我们的行为和某些后果联系起来，再和我们的情绪联系起来，如此不断循环。不管是快乐、幸福，还是沮丧、绝望、生气愤怒，我们的情绪都被翻译成了特定的物理表达方式。也就是说，多数情况下狗狗都能通过我们的身体语言、气味和呼吸模式"读懂"我们的微妙情绪。

主人们第一次把狗狗带到我的课堂上时，都表现得很紧张。到了新环境，狗狗本来就很兴奋，而人们的压力更是加剧了这种情绪，于是它们上蹿下跳、乱吼乱叫、满地跑，主人开始很焦虑，其中一些甚至表现得很愤怒或是沮丧。他们叹着气，咕哝着："很抱歉，它在家里不是这样的。"或者"费多，快给我停下来！"然后赶紧把狗狗用皮带拴住。动物行为学家和训练师，以及那些与海豚及鲸鱼捕食者一起工作的人都知道，自己的压力会直接影响训练。所以，为了尽量降低一个人可能的情绪干扰，人们一般会严格控制环境，设立精准的训练流程。

而另一方面，我们和狗狗之间这种强烈的情感关系其实还可以给双方都带来益处。

下面就让我们来探讨如何优化这种情感联系方式吧。

完全呼吸的益处

以前由于哮喘和严重的食物、环境过敏，我几次都差点丧命，于是我决定寻找一个替代疗法来改善我的健康问题，就这样我找到了瑜伽。我实在很难形容瑜伽呼吸练习到底给我的健康带来了怎么样的变化，作为瑜伽练习者和老师，我发现，呼吸练习给了我平和感、自控力和不同寻常的认知，我的能量到达了新的水平。几年前，我的第一位瑜伽教练告诉我："这几个月先试试，如果对你有效果，就继续练习，如果没什么效果，那就不管它，再试其他的。"这里，我也这样说，请您尝试下我在这一章所列出的建议。如果它们对你和狗狗没有作用，您再换换别的也不迟。

完全呼吸的好处数不胜数，其中有一点很显著：更多氧气会被输送到大脑，自主神经系统的交感神经和副交感神经的分支达到了平衡，这会释放快乐（诸如能增加你幸福感的内啡肽）这类激素。

狗狗的嗅觉总是令人惊叹，下面就让我们来看一看。狗狗的嗅觉实际上被连接到了处理情绪行为的大脑核腺领域，从而影响物理行为，狗狗可以闻到一个人身体所释放的荷尔蒙。行为学家发现，通过这种积极联系，狗狗实际上仅仅通过嗅到一个人的荷尔蒙就能增加幸福感觉。这个过程很复杂，我们只是在这里简单解释一下，但有一个关键——那就是呼吸。放松你的身体语言和气息，这不仅对你大有裨益，对你的好伙伴也是很有好处的。

完全呼吸练习不仅有助于减轻压力，缓解紧张情绪，还能提高你集中注意力的能力。每当你做了完全呼吸后，会发现对周围情形有更强的控制力，即便出现所谓压力和紧张，你都会很好控制，创造力和直觉也会跟着增强。每一轮三个完全呼吸只需一分钟，这是开始每次培训的好方法。我每次都会这样做，并且每堂课开头都是，我发现，这个练习可以奇迹般地放松一个人的心态，给人灌输一种控制一切的感觉。那些来上我课的人，刚开始可能都会怀疑呼吸练习和狗狗训练之间到底有什么关系，但直到今天，也从没人有过任何质疑，我想这是因为，这种练习哪怕只是第一次做，就可以明显感觉到良好的作用。

通过呼吸找到能量

为什么一个人的演讲可以让你斗志昂扬，而另一人做同样的演讲却可能让你热泪盈眶？或者为什么家庭里的某个成员让狗狗坐下，狗狗会迅速作出回应，而当另一个成员每次同样的下令，这只狗狗却完全忽视他？其中部分原因在于狗狗的训练和加强过程。很显然，狗狗回应的这个人，跟它合作更多，并且会对它的坐下给予奖励。但另一个更微妙的原因在于这个人的话语和行动被注入了能量，因为狗狗会更多地回应意志力坚强的人。

狗狗不仅回应你粗略表现出来的肢体语言，还回应你更微妙的能量表现的意志。当每次的培训都以完全呼吸练习开始，你会发现很容易就吸引狗狗的注意力并保持对你更长时间的注意力，狗狗会对你意志或想法等这些更具体细微的信号作出反应，这就让你建立了一个吸引狗狗注意力的强大的磁场：你把你的话语和行为注入了力量。真正伟大的动物训练员都有这种能力。看看一个技巧娴熟的训练员走进一个满是狗的屋子时会发生什么，就知道这种能力和伟大之处了。

为了了解你的意志力是如何通过简单的呼吸练习而加强的，让我们一些来看看东方观念中的呼吸是什么，呼吸是如何影响我们的。事实上，呼吸带有一种微妙却很强大的能量。在瑜伽中，呼吸的这种能量叫做"呼吸控制"，这些各式各样的呼吸练习全部都称为"呼吸控制"。其他的哲学称这种能量为"志"或"气"，而天行者卢克把它认为是一种"力量"。

我们不妨这样理解：街灯和激光，哪一个的光线更强？街灯发射的光线是扩散的，它照亮了街道的所有区域。但当光线集中在一起，形成一个小的直的光束，就是激光。它的光强到甚至可以烧穿钢板。同样的道理，被控制的呼吸将分散的能力集中在了一起，它像激光那样强。

当你专注地呼吸时，你的注意力和你对外部及内心的感知力也将增强，你的意志力将不再因无数的分心事而被分散，反而会在这个过程中被加强。然后，你可以聚精会神地想某个单独的思想或者图像，描述出来并给它能量。

当你训练一只狗狗时，集中你的精力和注意力去想象你想让狗狗作出的行为。你现在集中的注意力和提高的意识将使你可以更仔细地观察狗狗，最终你将能够真正"读懂"狗狗并预见它的行为。因此，你将会变得越来越自信，越来越轻松，你会更加地警觉，也会更加地专注。而现在想象一下所有这些将会对狗狗产生怎样的影响。

完全呼吸除了能增强你的意志力，它带来的放松和可视化状态也会让你处于回应狗狗的状态中，而不是下意识的反应。正如第1章中讨论的，这种回应，不是那种本能的反应，而是一种积极的反应，它为你打开了局面，因此你可以使用你的智慧、创造力、直觉和积极的情绪来面对所有事物。简而言之，它将你置于一种完全可以控制局势的状态中。

狗狗与自然的联系很纯粹——大自然毕竟是一个巨大的通信网络。大自然如何进行通信，你或许一直都以为自己知道，但其实你已经忘记了。这一章中介绍的呼吸方法将帮助你重新连接上大自然，并且通过呼吸练习来改善你的整体健康。研究显示，完全呼吸还可以帮助减轻特定的因紧张而出现的相关疾病，如头痛、慢性疲劳、哮喘和过敏症。

呼吸的具体细节

人一生之中都在呼吸。但是，可能和多数人一样，你的呼吸很浅，有时，你可能甚至不自觉地屏住呼吸。控制呼吸的主要目标是为了让你的身体有充足的氧气。你需要将这些氧分子传送到肺组织里的数以百万计的小气囊中。一旦输送到那里后，氧气通过肺和血管填充红细胞的膜。与此同时，最重要的部分是通过肺释放毒素和二氧化碳并且把氧气运送到大脑。这就是为什么完全呼吸使你更放松，而与此同时，还使你变得更清醒、有更强的意识。

很多人习惯很浅的呼吸模式的原因之一是，他们呼吸的方式与给他们带来最多的氧气的方式正好相反。当被要求坐直身子，深吸一口气，大多数人会做错两件事。随着他们吸气，他们把胸鼓了起来，鼓得像一只青蛙的胸部，然后吸肚子。而随着他们呼气——腹部空间扩大的同时，他们的身体又懒散地稍微向前。在继续阅读之前，你做一次深呼吸，看看你是否也这样做。什么会先移动——你的肚子还是你的胸部？

如果你的胸腔膨大，那么空气往往只能填充你上半部分的肺。这些少量的空气分发给较低部分的肺部，而通过引力到达那里的其他东西远比这些空气要多得多。其结果是，大量的新鲜的富含氧气的空气完全不会到达血液。这种氧气缺乏会影响你所做的一切。

完全呼吸使你的下半部的肺最先被空气填充，使你的腹部在你移动胸部之前扩展。这允许你的肺完全被充满空气，像从底部到顶部把玻璃杯灌满水。然后，当你呼气时，允许肺部慢慢地紧缩直到它们完全空了。要训练你自己这样的呼吸并不难。所有这些都需要练习，这也将重新训练你的肌肉，最终这种深度的完全的呼吸会变得自然而然。（在这一章后面，我会逐步带你完成呼吸练习。）

人与狗狗的正常呼吸频率介于每分钟 10 到 30 次。很多事情，包括训练课程的身体刺激和情绪刺激都会影响这种呼吸频率。例如，当人类和狗由于兴奋、发烧、训练或受热而喘气时，更快的呼吸形成了缺氧状态，使身体组织中的氧气变得不足。当你紧张，你自然呼吸得更浅。因此，摄取的氧气量的减少会进一步限制输送到血液里和大脑里的氧气量。还因为氧气是最容易获得的,是给予健康的能量之源,这种缺氧会限制你精神、身体、情感和直觉的进程。

整个过程看起来似乎是这样的:首先,我们变得紧张,开始限制我们的呼吸;然后我们受限的呼吸制约了供给我们身体的氧气量。这就使我们更容易产生疾病——就这样循环反复下去,而这是一种恶性循环。

通过呼吸找到你的能量

呼吸练习可以提高你的身体、心理和情感健康及对它们的意识,与此同时,引发出狗狗的不同行为。例如,一方面,完全的呼吸练习可帮助精力充沛的或是紧张的狗狗放松下来。另一方面,如果狗狗是昏昏沉沉的,你想让它更积极一点,几轮气喘吁吁的呼吸会让它注意力集中。气喘吁吁的呼吸很容易做到快速重复"哈哈哈哈哈",正如你大笑的时候一样。(然而,做气喘吁吁的呼吸的时候,要确保不要把空气直接吹到狗狗的脸上,有些狗狗可能会认为这一行动是一种威胁。因此,儿童不应做此练习。)

呼吸其实可以用作"场景设置"。也就是说,你可以通过呼吸模式的使用打开狗狗的"行动开关"。就像捡起狗绳意味着要去散步,打开狗食袋意味着要进食,呼吸可以传递"该干活了"或者是"该休息了"的信号。用你的呼吸作为一种行动的开关的好处就是你也启动了你自己身体、情感和精神的发电站。你变得更专注、你的意志力"像激光一样强有力",也正是因此,狗狗响应你的要求会更快。

如果你想要看看完全呼吸对狗的影响的示例,走进一间满是吠叫的狗狗的收容所,然后做一系列的深呼吸练习。在很短的时间内,大部分的狗会示范性地冷静下来。如果是几个人走进去,然后在同一时间做此呼吸,结果将更富有戏剧性。

完全放松练习

在做完全呼吸练习前，放松练习很有帮助。一个人如果身体没有放松下来，就很难专注于轻松的呼吸。因此，学习任何呼吸练习的第一步是放松肌肉。呼吸练习需要几分钟的阅读才可以掌握，但放松肌肉的学习只需一两分钟就能办到。不过，不能催。

首先需要在一个不会让你和狗狗分心的地方练习，如果有必要，关闭你的手机铃声，并把"请勿打扰"的牌子放在你的门上。调整室内温度和照明，直到你感觉舒适。这样，你的精神和身体肌肉会处于放松状态，不会被电话铃声、令人不快的光、极热或极冷以及其他因素干扰而分心。

第二步，让你的整个身体绷紧，先从让你的脸和手紧张绷紧开始。

舒舒服服地坐在椅子上、地板上或是枕头上，背挺直。可以靠在椅背上或是墙上，如果这样使你感觉更舒适的话。

你可能还会发现闭上眼睛很有帮助。缓缓地做一次深呼吸。

现在吸气三秒钟，把你的整个身体绷紧，包括你的脸。握着拳头三秒钟，然后呼气三秒钟至完全放松，让你的身体变得软绵绵的。（见图4.1）

现在，为了更深度的放松，想象你的面部肌肉松软下来，清除干净留下的任何紧张情绪。

慢慢地把你的注意力转移到身体上，按顺序放松肌肉，从脸部开始，一直到脚，默默的核对清单（"好。嗯，那里是我的左上臂，放松，放松。那里是我的左手，手，变软，放松。"等等）。如果可能的话，观察和放松每一块肌肉，除了那些帮助你的身体坐直了的肌肉，它们会照顾好自己的。要确认你的注意力都通过了你的整个身体，包括你的双脚甚至你双脚底部的线条！

图 4.1

现在把你的注意力按照相反的方向慢慢地移回来，从脚到头，检查任何剩余的紧张——把它们释放掉。你可以让它外流到地板或想象它已经蒸发了——只要这样想象就肯定会有用。一旦你的注意力已经回到了你的脸上，找到它让它放松，你就已经为完全呼吸练习做好准备了。

完全呼吸练习

这是一种最简单、最有效的呼吸练习。它可以在任何时候、任何地方实践。完全呼吸由在同样的时间里平缓地从鼻子吸气和从鼻子呼气组成（它也被称为放松呼吸或膈肌呼吸）。这项活动的好处包括增强放松度，提高集中精神的能力，改善注意力。它还可以帮助你更敏锐地察觉到何时狗狗已经能自然地适应。

如果你在任何时候感到头昏或头晕，停下来，休息一会儿，稍后重试。然后只做一个完全呼吸而不是一系列的三个呼吸。

图 4.2

你可以在任何时候使用完全呼吸练习去做个神清气爽的放松呼吸，而不是只在培训班之前。

本练习可以通过闭眼和睁眼来完成。如果你在家里，闭上你的眼睛；如果做练习的时候你在开车或在过一条街道，睁着你的眼睛。

想象一下，把你的肺分成三个部分：顶部、中部和底部。从鼻子吸气开始（请确定你的嘴合上了，以便你只能通过鼻子呼吸）。让呼吸的空气先充满肺的底部，像水注满一只杯子一样。当你吸气的时候，将你的腹部轻轻推出（如果你呼吸的时候像大多数人一样，收紧腹部肌肉向内，你可能需要先做几个呼吸练习，扭转这一进程）。当你肺的底部充满时，想象一下氧气在填充胸的中间部分。然后填充肺的上半部分。当氧气填充肺的顶部时，你的胸部将扩大，你的肩膀也将向上和向后提一点点。

以平缓的呼气开始，然后再通过你的鼻子吸气，直到你的肺被填满为止。想象一下你的肺像两个气球慢慢地收缩。在呼气快结束的时候，通过缓缓地把你腹部的肌肉向里推进，并向上推一点推向脊柱来排除任何剩余的呼吸。

在呼气后立即轻轻地吸气来开始你的下一次呼吸。首先，做一系列的三个完全呼吸并计时，让你吸气和呼气的时间相等。大多数人开始时以三秒或四秒的吸气和三秒或四秒的呼气计数。请记住，目标是让呼吸从呼气顺利地进入下一个呼吸的吸气。想想这一过渡就像开车驾驶出了柔和的曲线，而不是急剧地转方向。慢慢地平缓地做够三次呼吸。

经过几周的时间，逐渐延长每个吸气和呼气的时间，最长延长到十秒。从吸气到呼气之间，别屏住呼吸。不要急于求成，要让每一次呼吸的长度自然地增加。当你开始新一轮的三个深呼吸时，最终目标是延长你做练习的时间，也延长你吸入和呼出的长度。每天用一到两个时间段做这种放松的完全呼吸，一个时间段五到十分钟。

另一个在你做完全呼吸时帮助你集中和放松的小秘诀是：戴上耳塞，听你呼吸的声音。你完全能听到自己的呼吸，这让你能更放松。

通常，在你新的一天开始前或这一天结束前做五至十分钟的这些练习最好。此外，出于实际的日常生活目的，每天都实践几次这一系列的三个完全呼吸——在你训练你的狗之前，在孩子们从学校回家之前，在会议之前或在警官走向你的车之前。请记住，益处会积累得越来越多。当你能更加轻松和舒适地做完全呼吸练习时，你会找到从前神清气爽的感觉。这让你有更多的氧气去思考，让你三思以至可以为你手边正发生的情况作出更积极的回应。三个月之后做个评估，你肯定会发现这些每日的呼吸练习积极地影响了你和你周边的环境，包括你的家庭生活、工作、你的朋友，当然，还有狗狗。如果你看到了这些变化，记下这些令你在精神上取得的进步。它将鼓励你继续改进你的呼吸，并将它更好地纳入到你的日常生活中去。

如何正确应对压力

那么，当你度过了糟糕的一天后，回到家你该怎么办呢？在这里你会找到压力应对手段，为你，也为人类与狗的伙伴关系。我已经介绍了用于紧急情况下快速应对压力的课程，还有一个更深入的课程，需要多一点时间学习。你可以用那种本能反应来应对危机，但就像是超负荷的卡车，用那种所谓的快速法只会让你自己被卡车辗压。

无论你选择使用哪一个压力应对课程，第一要做的就是呼吸，要让呼吸成为你的第二天性。完成压力应对计划，将会给你一个新的视角看问题，因此你应该考虑最健康的反应。一路走来，在不懈坚持和投入中，你不仅能提高压力应对技能，还能提高沟通技巧。狗狗会开始理解你对它有什么预期，你也会开始了解狗狗在对你说些什么。

处理任何超负荷压力，第一步要做的都是要控制好自己的情绪。请记住，如果处于失控状态，你就无法指望狗狗在控制之中。而一旦你意识到你是失控了，请做下面的简单练习。

快速应对压力的程序

停下来，做一个完全呼吸，让你的身体绷紧、放松，然后再做一个完全呼吸，更好地放松。想象一下紧张、愤怒、沮丧——无论是什么，把它们从你的肌肉里赶走，然后向狗狗道歉，并平静地安抚它。

第5章　怎么说狗狗才能听懂

几年前，当我要去墨西哥上学时，叔叔和婶婶一路奔波从克利夫兰来看我。叔叔曾经是个送奶工，正如你记忆当中把牛奶送到你家门口的那个人一样。总之，我们站在解放大道的一个街角，叔叔问我需要什么，又走到一个年迈的妇人面前问道："请问超市在哪里？"老太太回答："什么？"叔叔大声又问了一遍。那妇人向后退了几步，说："不要说英语。"这句话她重复了几次。最后叔叔返回车里，他真是要疯了，"你能相信吗？"他说，"她竟然不会说英语。"

人与他们的狗狗在相互沟通的过程中也存在着类似的绊脚石。实际上，他们认为，人类自己是宇宙的主宰。他们期望自己的狗狗了解他们的想法，而不是自己去了解狗狗的语言和习俗，人们都像我的叔叔那样，说话的声音越来越大，并重复同样的话，仿佛音量和重复能够突然解决沟通方面的问题。简言之，他们期望狗狗也会讲人类的语言。这种无知在人类的话语中会体现出来，例如"笨狗狗"或"它知道，只是不愿意这样干而已"。

交流障碍

想象一下你在国外无法进行语言交流，也不知道该国的肢体语言或文化礼仪。也许餐桌上的每一个人饭后都打个饱嗝，如果你不知道不打嗝是不礼貌的行为，其他人会认为你是一个粗鲁的客人。或者，你可能在不知情的情况下，伸出左手和别人握手，这可能被认为是带有侵犯性的行为。这时，突然，有人过来用你自己的语言说话并向你解释该国的文化礼仪，让你从茫然中走了出来，你才豁然开朗。拥有沟通和理解的能力会使你觉得，整个世界和它所有的奇观都在为你敞开大门。

正如第3章中所述，狗狗与狗狗之间通过触觉、声音和肢体语言进行交流，从非常细微到非常明显的都有。这些肢体语言包括看或凝视、眨眼、东张西望、舔嘴唇、打呵欠、以各种速度和方位摇尾巴、嗅地面、抓、流口水或撒尿来划分势力范围。其他肢体语言包括身体姿势，例如弓着身子玩耍，在彼此背上滚来滚去或不让另一个狗狗移动。每个运动都是经过测量的，精准无误。

类似这样的行为也可以说是情绪发泄，帮助排遣已形成的紧张局势或情绪。这些行为被称为置换行为。他们是激励因素竞争的结果，也就是说，两种欲望在同一时间把你拉向两个极端。现在想象一下，如果你是一个体育迷，被邀请去看印第安队和布朗队的比赛，而这两个比赛是在同一天举行。当你在考虑到底去观看哪场比赛时，你可能会因为选择不定而走来走去或啃你的指甲或吃东西，甚至可能因为拿不定主意感觉有点胃疼。

图5.1这张照片中，人和人以及狗狗与狗狗之间都在以自己的方式互相问好。注意照片中一只狗狗是如何把脑袋转到一边，避免与另一只狗狗眼神接触的。

狗狗和其他动物一样，有着惊人的观察力，他们可以注意到其他狗狗以及人类所做的细微动作和这些动作产生的后果。聪明的阿拉伯马汉斯的故事是心理学界有关读取细微信号的很著名的例子：1900年，退休的老师威廉姆·冯·奥斯特买下了汉斯，花了大量的时间对它进行训练来证明动物存在智力的观点。其结果令人惊叹——汉斯可以用蹄子点击出黑板上数学问题的正确答案。这在当时引起轰动，人们争相来看汉斯。之后，有位学者突发奇想。会不会是汉斯的主人不自觉地用微妙的动作或表现出的紧张或一些其他因素给马暗示呢？带着这种想法，还是这匹

图 5.1

马,黑板上还是一道数学题,但是冯·奥斯特和房间里的其他人都站在了黑板后面。这时,聪明的马好像失去了它的才华,再也不会做数学题。似乎汉斯得出的正确答案,都是因为读取了冯·奥斯特无意识中发出的微妙信号,如他在听到马蹄跺到相应次数时猛地扬眉一下。

正如聪明的汉斯一样,狗狗也学会了联想。他们学会了用"什么会什么时候发生"的观点与事件相联系,这就是简洁精确的肢体语言之所以那么重要的原因。狗狗什么都能学会。当你伸手到橱柜里拿罐头时,意味着会发生什么呢?狗狗会想:要喂我吃东西了;门铃响了呢?有人在门口;有人摔门进来,使劲把外套扔在椅子上呢?我最好藏起来,这样就不会被呵斥了;当主人穿上外套要去上班呢?我要自己独自待一整天了;你晚上穿上外套呢?要出去散步了。狗狗可以很容易地将这些信息区分开来。

狗狗的词汇范围很广,因此很容易知道为什么大多数狗狗发出的信息/信号都被误读了。人们往往把狗狗人格化,赋予狗狗人的特征。"哦,它尿在床上因为它生我的气了"、"它嫉妒了,因为我抱了我的男朋友,所以它咬了他"，或者，"它知道把厨房废纸篓打翻犯错了，因为表现得如此愧疚"。

人类误读狗狗的肢体语言并且对之习以为常的程度可以通过美国最有趣的家庭录像电视节目中播出的一个事情显现出来。

有个人把毫无还手之力的吉娃娃挂在晾衣绳上，它的前爪搭在上面，尾巴在它双腿之间，耳朵向脑后张着，整个身体都在打战。然后它开始撒尿。看到这个可怜的小狗狗吓得都撒尿了，观众们哄堂大笑。很难想象为什么人们会觉得虐待这只狗狗很有趣。这些都是人无法正确读取狗狗行为的原因，因为这些人根本不明白为什么狗狗会这样做，也或者因为他们已经对此不敏感到极点了。误解会导致不敏感，动物和人类都是这样。而教育和学习是消除沟通障碍的关键——它还可以使人更敏感，更富有同情心。

有时狗狗的肢体语言不是特别明显。狗狗摇尾巴，但这并不意味着它就一定很友好。相反，不能仅仅因为狗狗在发怒，就认定狗狗会咬人。所有单独的肢体语言都必须在整体的背景下解读。没有任何一个特点可以翻译成所有狗狗的思想和情感。

狗狗可以而且会在极短的时间里从一个表达方式转换到另一个表达方式。根据具体的环境，这一刻它可能是害怕，下一刻又会放松下来，再一秒钟后它可能会咬人。所以，参加一些课程，跟有经验的培训员学习狗狗交流所用的微妙的语言是非常值得的。

怎么和狗狗打招呼

下面我们要讲一些在日常生活中可以用到的狗狗的肢体语言，比如第一次见到一条狗狗或者在不是很了解它的情况下，你如何和它打招呼呢？

1. 保持平稳的气息，放松自己。
2. 在这只狗狗学会放松自己，且受过打招呼训练并乐于做这件事之前，你都不要直接靠近它，得站在离它大约 6 英尺远的地方。这一距离有时被称为狗狗的"临界距离"或是狗狗认为在必要时可以安全逃离的距离。现在想象一下，地上刻着字母"C"一样的东西，沿着图案渐渐接近（见图5.2）。一旦你走近它，请转过身去，而不是迎头面对着这只狗狗。把手放在两侧，这么做，狗狗不会觉得你那么具有威胁性。（见图5.3）

图 5.2

图 5.3

3. 让狗狗到你这儿来，而不是你去接近这只狗狗。

4. 一旦你断定这只狗狗没有表现出受到威胁的样子，拍拍它的下巴，让它能看到你的手的走向，不要把手放在它的身上。然后轻拍它的胸或脸，不要碰它的耳朵和眼睛。不要越过狗狗的身子去拍它的头顶或背部，除非你和它很熟之后并且知道它喜欢这样被人拍。

注意，儿童应该在大人的监护下和狗狗进行接触，即便是自己家的狗狗。75%的被咬儿童是被他们熟悉的狗狗咬伤的。如果一只狗狗在吃东西或玩玩具时，儿童进入到它的私人领地，狗狗就会觉得需要保护它的食物和玩具，而保护的意识可能就体现为咬人。狗狗应该在一个地方安静地吃东西，但为了安全起见，我们还是应该教会它们允许任何家庭成员在任何时间都可以接近它们的碗。这是一个循序渐进的引导过程。如果您有任何疑虑，请聘请专业教练，教你如何正确引导。同时同样重要的是要教会儿童尊重狗狗，不要用食物和玩具去捉弄狗狗。

打开沟通之门

几乎所有人都有过通灵的经历。您是否曾经恰好接到你准备打给的那个人的电话？恰好和某个人有相同的妙计？或通过直觉发现动物想要什么？我最奇怪的经历之一发生在1979年。当时我和朋友在印度，一个陌生人过来告诉我朋友一些他不可能知道的事情。陌生人告诉我朋友："你女朋友的名字是苏，你住在俄亥俄州的克利夫兰，你是一名工程师，而你的生日是1月2日。"然后他又说出我朋友母亲的名字和大多数朋友都不知道的其他详细信息。

还有一次，一个印度神秘主义者告诉我："你妈妈最近很沮丧，你得搬回家住，照顾她。"他说得对，我母亲最近离婚了，我已经搬回来陪她了。接着他又说，"你小时候有肺病，你的双胞胎妹妹背部有毛病。"这两句话都是事实。他接着又在纸上画了个像铁轨一样的线条。"这是脊柱，她这里有问题。"这是真的，她的确脊柱有问题。然后他指出到底哪条脊椎导致了她的问题。同时，我还知道一件事，一个不会说英语的老师突然听懂了并且能用英语回答问题。

在这些情况下，将人与一些他不可能直接接触到的信息和能力联系起来，大多人会将这样的人称之为通灵者。韦伯斯特将"通灵者"一词定义为"超越自然或已知物理进程"。在东方哲学中，这被称为"直觉"，是一种直接接触信息的能力，无需从外部来源或通过大多数人眼中的正常手段获得。换句话说，信息就在那儿——只需下载到你的脑子里，而无需听讲座、阅读书籍或使用任何其他方法学习，我们都在某种程度上这样做着。

麦克·福克斯的书《超级狗狗》中，整个一章都在讲动物心灵感应和超感知觉。一个令人惊叹的真实故事中，详细描述了两只狗狗和一只猫的旅途，他们一起穿越整个国家到达一个完全陌生的地方，最终找到了搬家到此的主人。这是如何实现的呢？此外，狗狗如何预测我们的行踪和做出其他非比寻常的事呢？本质上，你如何学会读取狗狗的内心呢？欢迎学习微妙的沟通、直觉和心理派生知识的世界。

那么，为什么我要在一本狗狗的训练教程中提及这些信息呢？一方面，出于乐趣。而另一方面，如果我们在完全有可能完成的事情上设置障碍，就会限制我们自己的潜力。这里我还会介绍一种训狗师可以自由使用的强大工具——学会闭嘴和聆听。如果你的大脑以每分钟一英里的速度运动，如此的心事重重，你往往会忽视近在眼前的东西。而只有集中精力，内心平静，微妙的沟通境界才会为你敞开大门。

我也有必要讲解一下如何帮助你使用直觉意识来确保狗狗的安全健康。我承认，狗狗不是用来取悦我们的，也不是为我们服务的。相反，也许我们是为他们服务和取悦他们的。也许我们应该为狗狗提供这样一个环境：无论它想变成什么都可以，而我们也可以帮助自己变成自己想变成的那类人。这就是这本书的主题——发现。与狗狗相处的过程中不要克制自己，更不要限制狗狗的行为。

　　上世纪 70 年代，我在阿斯彭的一个饭馆里当快餐厨子。我决定做个试验，猜猜顾客们要点什么。于是，在顾客点餐之前，我就把汉堡包扔在烤架上或把鸡和炸薯条放在篮子里。我想说我很擅长这个。当时规定服务员撕下订单，30 秒后就必须把午餐送到客人面前。而观察服务员和顾客的表情也是非常有趣的事情。因为我们惊人的服务速度，许多顾客每天都来。但之后，经过几个星期的近乎完美的直觉验证后，我发现我的猜测渐渐不准了。我煎六七个汉堡包，最后没有一个人要吃它们。突然间，我的直觉不再准确。怎么回事？最后我意识到应该将"自我"沉浸其中，当我发自内心地感知到兴趣所在时所看到的和感觉到的才是最准确的。诀窍就是：想要利用微妙的直觉，首先要从获取自我开始。而这一方面是因为乐趣无穷，另一方面是由此可以获得生命力量的旅程。

　　请在每堂训练课之前做下面的练习，你会发现你与狗狗之间的协同作用，你和狗狗交流的直觉能力会发生翻天覆地的变化。

交流训练

　　注意：做这项练习的时间不要超过 90 秒。
　　闭上眼睛，做三次完整的呼吸训练，以唤醒你的意识，听自己呼吸的声音。
　　让全身的肌肉紧张起来，保持三分钟，然后放松身体。
　　再做一次呼吸训练。
　　现在睁开你的眼睛，观察自己和狗狗。这时假装你在演一部电影，同时你又在看这部电影。感受狗狗的心情、态度以及能量水平。关键是使自己的大脑平静下来，这样你就知道狗狗究竟处在怎样的状态中。其中重要的是你要用直觉感受，而不是借助智力。这一过程只需要几秒钟，现在你已经融入到了自然的韵律中。很简单，你注意力越集中，你就越依赖微妙的观察，也就越能准确地和狗狗交流。花十秒钟想象一下狗狗正在坐着，再花十秒钟想象一下狗狗躺下来。发挥你的想象力，集中精力看好每个动作，用意志力支配所有的动作，想象一下这都是真实的场景，你越将它想成真的，这个动作就越容易在你脑海中成形。

　　世界一流运动员在训练和比赛中也同样使用脑海中想象成像的技术。我班里的人都说每次培训前花时间做这些简单的练习产生了奇妙的效果。这里我要提一下，这要训练三周才能看到进步。而为了尽快达到训练结果，一些主人不仅在培训课前做这一精神运动，而且在生活中也是只要想起来就做。训练得越多，成果当然就会越显著。

第6章 训练装备：项圈、栓绳、响片、狗舍和床

一些训练设备的确可以帮助你和你的狗狗创建一个最佳的学习环境，从而提高学习的安全性、趣味性和动机性。

项圈

在其他一些训练中，常用的有扼颈项圈，也被称为训练项圈或滑环，但我不建议使用。如果一定要用，首先要先学会如何掌握好力度及方法，但这非常困难，且在你实践中，很容易伤害到狗狗。虽然一些专业训狗师通过轻轻地拖扯皮带和项圈来向狗狗传递信息，没有对狗狗造成任何伤害，但他们是专业人员，而你不是。我认识好几个训狗师掌握了这项技术，发出信号的时间也恰到好处，他们先摸摸狗狗，再轻轻地拉动皮带和项圈以传递信息。但要达到像他们一样的熟练程度还需要很多时间，需要不断练习以及掌握必要的窍门，要根据不同的狗狗使用不同的力度。用力过大可能会伤到狗狗，用力过小效果又达不到。与此同时，时间也很重要，太快或太慢狗狗可能都听不懂命令。

很多人看到训狗员用这个方法以为非常简单，以为用皮带拉一下就可以成功提醒狗狗集中注意力，还想着用力猛拉一下就可以加速达到效果。实际上，在这一过程中，狗狗就像小白鼠一样，是非常可能受伤的。大多数人很难轻轻一拉就起到对狗狗的提醒作用，忽略了用力猛拉而给狗狗造成的不适和痛苦。其实，完全没有必要用拉扯的方法让狗狗听从

你的命令。

和扼颈项圈一样，背带式项圈和索套项圈（也称为电子项圈）也不能使用。背带式项圈看起来像中世纪酷刑设备，而索套项圈实际上就是电击。这两种项圈旨只让狗狗感到疼痛或不适，尤其是当狗狗拴在链子上时。一些流行的训犬法会告诉你说，使用这两种项圈，就可以根据你的要求来对狗狗发出指令，还说这是一种温柔的纠正狗狗的训练方法。然而，这就像是拿"穿过地毯后的静电"与"一下就能把眼球打掉的力量"来对比，到底你该如何控制这两者之间的力度呢？也就是说，你根本无法准确地做到他们告诉你的"绝对不会伤害到狗狗"那种程度。你能够用项圈让你的狗狗过来，但如何让它过来？是生拖还是硬拉？所以我不推荐大家使用这些东西。

那么我们该使用哪种项圈呢？如果是小型犬的话，我建议使用那种套住前半身的项圈。如果是中型犬和大型犬，应该使用鞍式项圈，因为这种项圈从不卡死。这样巧妙的设计可避免狗狗因窒息而死。

我推荐的另一种项圈是缰式项圈，也称为鼻子项圈。在宠物商店都比较常见。这些项圈工作的原理都是头向哪动，身体就随之移动。大多数狗狗都能很快适应这种项圈，但有的也不行。当然，如何使用缰式项圈也是一个问题：当套着皮带的狗狗和其他狗狗打招呼时，由于缰绳过紧，使得狗狗不能使用狗狗的肢体语言进行交流。如果你让狗狗的头抬着，它就不能跟其他同伴实施打招呼礼仪，也包括无法四处张望、嗅地面及转向另一只狗狗，所以一定记住不要把缰绳勒得过紧，以避免这种情况发生。

几乎每年我都听说某个狗狗的头卡在其他狗狗的项圈里致伤或致死的事件。所以如果你家有两只或两只以上的狗狗，而狗狗爱嬉戏或抓住对方的脖子，你就得脱掉它们的项圈或给它们佩戴合适的分裂式项圈。如果狗狗不带项圈，必须保证你的房门是关闭的，以杜绝一切跑走的可能性。你还要带狗狗到专业场所/医院来注入识别芯片或文身。

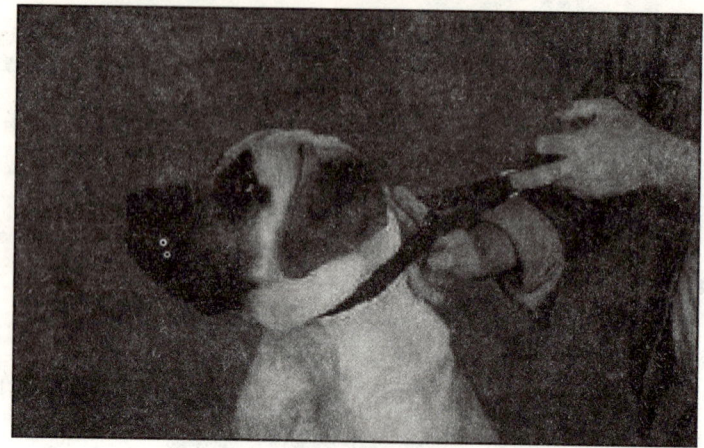

图 6.1a　鞅式项圈

图 6.1b　温柔的缰式项圈

　　关于这种缰式项圈，还有一个问题就是人们可能把它误认为是狗狗的口套。因此，可能认为戴这种口套的狗狗很危险。和狗套不同，戴着缰式项圈的狗狗可以吠叫、吃食、喝水，甚至咬人。所以，你会发现当牵着狗狗外出时你会不停地告诉别人："别担心，这不是口套。这狗狗不咬人。"而这一问题可以通过选择和狗狗的衣服颜色相当或颜色更鲜艳的项圈来得以缓解，因为这种穿戴会让人觉得这个项圈很有趣，但并不具有威胁性。

皮带和栓绳

作为一种管理工具，如果使用得当的话，皮带将是安全训练环境中一个重要的部分。如是日常用途，请选择 4~6 英尺尼龙制成的皮带。如远距离培训的话，你需要 20 英尺的皮带甚至要 50 英尺的。相对来说，我更喜欢尼龙材料的，因为它很轻便。千万不要用链状皮带，因为它们太重，而且容易和其他东西缠在一起。

我是蹦极皮带的忠实粉丝。蹦极皮带具有弹性，从而可以保护狗狗的颈部。当狗狗看到松鼠或其他吸引它注意力的东西而突然转动脖子时，这种皮带可以避免对其颈部造成压力或伤害。另外一个优点就是它不会拖到地上，因此不会绊到狗狗的腿。

我不喜欢自动伸缩式的皮带，它在狗狗朝你走来时自动收缩，而当狗狗从你身边走开时又会自动伸长。我不喜欢这样的皮带，因为它不好控制。有时狗狗一拉皮带，它就会从我手中溜走或者断裂，如果你还没缓过神来，就来不及拉住狗狗了。而这时你又发现距离你 15 英尺以外正好有一只在觅食的狗狗正朝你的狗狗狂躁吠叫，那接下来会发生什么，你就可想而知了。不过如果你住在一个有门的社区，而且没有攻击性强的狗狗的话，那就幸运了。

如果你把皮带的一头系在你的腰带上，狗狗就被链条拴住了。已故训狗师吉布·迈克尔·埃文斯称此为"脐带"，这是一个不错的隐喻。你还可以把狗狗拴在一件家具上、把狗链拴在护壁板的钩子上，或者把链子的一端楔入门缝里，免得狗狗跑走。

拴狗狗最安全的方式是把它拴在门上：在门的一边用链子套住门把手，把链子丢在地上，从门下面塞到门的另一边，然后关上门。注意，把狗狗拴在门上时一定要在你的监管下进行，如图 6.2、图 6.3、图 6.4。

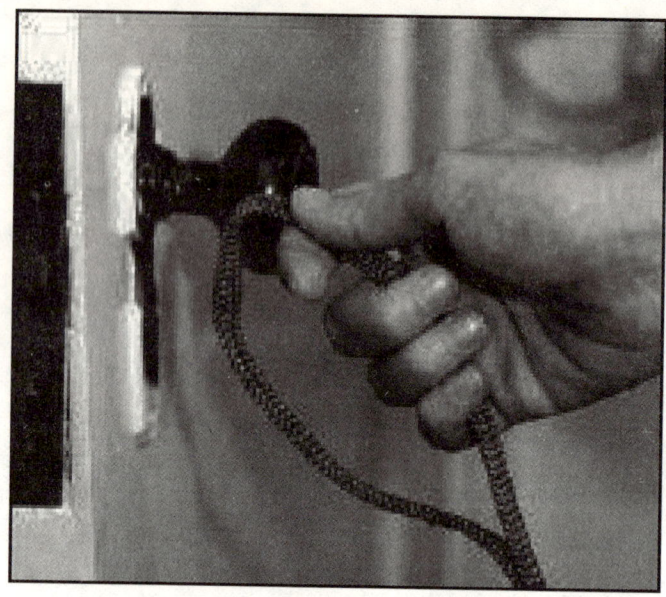

图 6.2

图 6.3

图 6.4

不要使用尼龙皮带作为狗狗链。尼龙皮带容易缠住狗狗的腿、颈部和身体,因而容易造成伤害。摒弃普通的皮带,可以用像把自行车拴在自行车存放架上的那种缆绳制成的链子。这种缆绳很坚固,狗狗咬不动,也不会被缠进去。链子的长度要能使狗狗四处走动,最少 4 英尺,当然这是由狗狗的体型大小决定的。

响片

正如第 11 章所说,响片可以成为很有价值的训练工具。

狗舍

便携式狗舍是保证狗狗安全的重要训练工具。除了合理运用皮带和小门，还可以保护狗狗、你的家人以及周围的环境。让狗狗真正地爱上进狗舍——它的"安乐窝"是你优先要做的事。和其他东西一样，狗舍也是既有利又有弊的。我喜欢用狗舍，只要你花时间积极地向狗狗推荐它并使之慢慢适应，就会非常好用。

狗狗应该按计划逐步爱上狗舍里的生活，所以它会把它看作"甜蜜的小窝"。操作正确的话，大多数小狗都能很快适应狗舍。对于那些老狗以及一些在适应狗舍方面存在问题的狗狗，在它们对狗舍产生积极的联想之前都先不要使用它。可以先把狗狗放在小门后面的厨房里或狗狗围栏里——如同一个没有顶的狗舍，和婴儿的游戏围栏很相似。

而在把狗狗放在狗舍之前，请确保你已经卸掉了狗狗的项圈。很难相信，我竟然听说过有的狗狗因项圈在狗舍里缠在了什么东西上面，而差点窒息而亡。不要把橡胶玩具或皮制品丢在狗舍里，我也曾听过几只狗狗因为误吞了这些东西而丧命。

狗舍有两种基本款型。一种是开放式的，像笼子模式的，其他的都有坚固的墙壁，只有门上有栅栏，像航空箱模式。无论你选哪一种，都要找一个可以使狗狗在里面不用弯腰就可以站立、不用蜷身就可以躺下的狗舍。如果你是给小狗狗买狗舍，要选一个即使它长大了也可以住的狗舍。如果你养的是一只纯种狗狗，要依据它成年以后的体型去购买狗舍。但如果狗狗是杂交的，在买狗舍之前就得先问问兽医狗狗会长到多大。而当它还是一只小狗时，你可以先堵上一定的空间，等它长大后再拿走障碍。

请记住，狗舍的质量应该好到可以使用很多年。那是狗狗的"安乐窝"，多花点钱买个好点的狗窝是值得的。市面上有些稍便宜的狗舍不仅会有质量隐患，还会对狗狗造成伤害。我曾听说过有些狗狗踩到了狗舍钉子，被狗舍上的栅栏割伤，甚至把头卡住了。

床

我建议为狗狗购买一张床,从简单的一个垫子到写有狗狗名字的刺绣毛绒坐垫。理想情况下,应该购买一张床,上面有被单的那种,便于拆洗。对于那些喜欢咀嚼的狗狗,可以买特别耐用的被单、防咀嚼的那种床。再次强调,这个床要质量好,这样才能保证狗狗的安全。

第7章 安全，安全，还是安全

仅仅在美国，每年就有超过400万人被狗狗咬伤。这些人中超过200万是儿童。每年被狗咬伤的儿童数量多于患麻疹、流行性腮腺炎、水痘、百日咳的儿童总数，其中主要受害者为5~9岁间的儿童，而且这些咬人的行为有75%都是受害者们熟悉的狗狗所为。头部、颈部以及脸部受到损伤，在咬伤中很常见，而这些损伤通常会引起更严重的创伤，并且许多人需要入院治疗。

引导是防止狗狗咬人的关键所在。如果儿童和成年人被教会如何接近和触摸狗狗、如何读懂狗狗发出的警告信号以及如何避免危险情况，那么被狗狗咬伤的风险就会大大地减少。生活中，我们常常要教儿童如何拨打紧急求助电话、如何安全过马路以及如何避免被陌生人威胁等等，这和教他们如何尊重狗狗，理解它们的需求而不给它们灌输恐惧感一样重要。像我在小学举办的"手拉手"项目，就是这样做的。这里有一些我和孩子们分享的安全守则，当然，这也同样适用于成人。（1）靠近或抚摸狗之前一定要征求许可，这对儿童来说尤其重要。（2）不要抚摸或是靠近自己不熟悉的狗，尤其是当它们在吃东西或是玩玩具时。（3）不要靠近或是抚摸陌生的、未经训练的以及受伤的狗狗。同样，当陌生狗狗的出路被堵住或走投无路时，千万不要靠近它。（4）待在别人院子的外面。（5）永远不要戏弄狗狗。（6）不要对着狗狗的脸部吹气，不要拽它的尾巴或尝试把它从地面上举起来。（7）不要弄醒正在睡觉的狗狗。（8）永远不要挥舞着手臂在屋子里跑来跑去。这个举动会刺激某些狗狗，它会想跟孩子们一起玩，接着便追着他们跑，而这可能会引发意外。

保证狗狗安全

你需要移除任何可嚼的有毒物体或把这些东西锁起来，让狗狗远离这种危险环境，这样可以防止意外事件的发生，至少可以将事故发生的可能性减到最小。当然，说到防止事故发生，没有什么比那些老常识再好的东西了：比如把狗狗放进狗窝里、儿童安全门栏里或是运动场地里，这样它就接触不到任何"非法"物体，你也可以把一些不该接触的东西（比如厨房的垃圾桶）放在它够不到的安全地方。

狗狗应远离的常见安全隐患

以下是一些较为常见的对狗狗具有安全隐患的物品。

巧克力：或许你会误以为这对狗狗来说是很好的食物，但是切记，你要尽量避免给它们吃巧克力或是把巧克力放在它们够不到的地方。要知道，巧克力的成分对大多数狗来说是有毒的，有时甚至可以导致死亡；因此，为了安全起见，不要给狗狗喂食巧克力。

植物、植物球茎和植物水（包括圣诞树水）：很多植物都具有毒性或引起胃肠道不适，所以让狗狗远离植物，这无疑是明智之举。

药品以及家居清洁器：把柜橱锁起来，这样才能保护狗狗免受里面东西的伤害。小药瓶可能看起来像一个有趣的会发出响声的玩具，但是如果狗狗弄破它，里面的药品可能会对它造成伤害。

家居和办公室物品：塑料袋、塑料扎绳、气球、橡皮筋、电线、金属丝、线、回形针、针、钢笔、铅笔和任何锋利的物品，如果狗狗撕咬或吃掉它们，都是很危险的。

食物或者剩菜比如煮熟的鸡和火鸡骨头：如果狗狗翻垃圾桶找食物，

很有可能被骨头卡到。

儿童玩具：有些玩具是很危险的，尤其是狗狗可能会撕烂或咀嚼一部分并被卡到。所以，请用智能玩具代替儿童玩具，比如说填塞点心的橡胶玩具、巴斯特塑料数据线或是宠物方块。

电线和绳索：如果狗狗咀嚼电线或者绳索，很可能会受伤。

桌布：狗狗会淘气地拉扯悬垂的桌布，然后就可能会被掉下来的物体砸伤。

防冻剂：狗狗们似乎觉着防冻剂很诱人，不幸的是，这可是会致命的东西。

老鼠药：这是另一种有毒的并且致命的药物。如果您怀疑狗狗已经摄入老鼠药，请立即致电兽医。

抽水马桶：如果您的狗狗碰巧饮用了马桶里的水，里面的不洁物质很可能会导致疾病。

预防中暑

永远不要在温暖的天气把狗狗放在车内。每年，天气炎热时，婴儿和狗狗因为被同时放在车内，结果导致灾难发生，像这样的新闻报道数不胜数。如果温度不是很高，把车停在阴凉处，再把窗户打开一个小口子，这样狗狗才能多呼吸点新鲜空气，这种方法很不错，但是当外面温度很高，太阳直射车顶时，这样做就没什么用了。有一点要谨记，太阳是不断移动的，即便这会儿你把车停在阴凉处，几分钟后它还是有可能被太阳直射。炎热的夏天，如果室外温度是30℃，那车内温度就会在半个小时内达到70℃。一旦狗狗身体温度达到43℃，就会导致脑损伤或者死亡，虽然这看起来比它的正常体温仅仅高了5度。狗中暑的症状包括：过度喘息、呕吐、脉搏过快和体温过高。如果您怀疑狗中暑了，千万不要耽误治疗，立即把狗狗带去就诊。如果暂时不能实现，那就把狗狗浸泡在凉水里直到体温下降，或者把冰块敷在头上，这也可以起到同样的作用。

如果天气炎热，而你又不得不把狗狗留在车内几分钟，我建议保持车内空调一直打开。还有个方法，就是做张冰床，让狗躺在上面。做法很简单：用冰块把一个大大的塑料盘填满，然后用毛巾覆盖在上面，这样就可以了。尽管如此，还是有个底线，那就是永远不要离开狗狗超过几分钟，像在佛罗里达州和密歇根州，把狗单独留在车内就是违法的。

控制你的狗狗

要用正确方法控制狗狗，直到它知道什么该做什么不该做，这点很重要。像牵引绳、项圈以及狗窝的使用，在这时会很有帮助。记住，要以积极的方式把这些东西介绍给狗狗。别忘了使用牵引绳，防止狗狗跑到街上，也不要让它进入别人的院子里，这也是对其他人的尊重。有时有些草坪上撒了化学物质，你肯定不想狗狗接触到这些东西。

小心人行道上破碎的玻璃。天气炎热的话，要当心路面温度或是沙滩上沙子的温度。如果温度太高，很可能会灼伤狗狗的爪子。你可以把手放在路面上或者沙子上感受一下，要是觉着过高的话，那么狗狗肯定也会觉得温度太高。此外，还要注意，狗狗可能会被太阳晒伤，因此应采取必要的预防措施，避免在当天最热的时段带它出去。在冬天，那些用来融化积雪和冰块的盐粒也会构成危险，你一定不希望狗狗在舔爪子的时候摄入太多的钠，所以带它进屋时，一定要记着擦擦它的爪子。

不要让狗狗随便坐在你的轻型货车后面，这些道理听起来好像人人都知道，但事实上我就曾亲眼目睹一只狗狗直接被甩出了车厢，其他人却全然不知。我还建议一点，即使坐在车里也一定要给狗狗系安全带，并确保它的头在窗户里面，这样做不仅可以避免灰尘，也能避免街上的石头或是飞行的昆虫对它造成伤害。

第8章　建立规则让狗狗学会自控

请允许我说句题外话，在这里我要把大家通常认为的人与狗狗建立关系时容易误用的"决定权"讲清楚。你希望像父母一样统领你的家庭或狗狗，但任何强制性措施以及暴力胁迫只会让事情越来越糟。决定权不是用暴力和恐吓去胁迫狗狗和家人，而是一种"自控"。

控制不是用暴力和恐吓去胁迫狗狗

很长时间，对于如何定义狗狗之间的等级出现了这样一种观点：在一群狗狗中排第一的狗狗，在任何情况下都应占据主导地位。但近些年来，高级动物行为学家经全面研究后发现，上面这个概念已经过时且太过于草率了。然而，像这样一种错误的观点，即认为"狗狗仰慕群体中排在首位的个体并把它当作独裁者，而人就是这样一位独裁者"被许多主流训狗书籍作者以及电视上的训狗师推崇并保留了下来。他们试图教会你这样的道理：你就是狗狗的领导者——老板、一把手、重要人物、头儿。如果它不听从命令，你就应该对它用强制手段。正是这个过了气的观点导致一些训狗师认为应该对家养狗狗动用这种方法，例如强迫狗狗走在人的后面、站在边上，或把它们按在地上，让它们先进屋等等，或是让它们模仿野外环境下的群生习性。但是，像这些强制性手段在野外环境中根本就不存在。

驯养员常用一句话来对过时的"统治"理论表示赞同："你要想训

练狗狗，那就必须得赢！"让我们仔细思考这句话，"必须得赢"就表示你和狗狗之间是一种竞争关系。有竞争才意味着有输赢，而在不得不竞争并不惜一切代价取胜的时候，你和你的小狗们会变成什么样子呢？狗狗是群居动物。在很久前它们被驯化后，我们便成为了它们生活中的一部分，并渐渐变成其监护人、照料者、保护者和指导者。但这并不意味着有一种什么强制方法来让所有狗狗折服。想要做好你在狗狗生命中的角色，最好的方式其实就是让自己成为它家庭中的一员，同时它也是你家庭中的一员。像父母或子女在家庭中扮演不同的角色一样，人类和狗狗也有各自不同的角色，但关键一点是：我们都是这个家的一部分。一家人，没有暴力对待，没有竞争，也没有斥责或者威胁。同时，你用正确且适合狗狗行为心理的方式发出正确信号，让它乐于接受你的意愿，像家人般相互理解和信任，你们彼此间相互学习交流合作。

不得不说，狼族和狗狗之间的确存在着共同之处，甚至可以说：它们两者之间几乎可以成为彼此的镜子。大卫·迈克是世界上狼群行为研究领域中的一流专家之一，同时，他也乐于开拓驯养研究领域。他说："在自然狼群中，只有雄性和雌性首领才进行繁殖，成为整个狼群的父母，它们很少会与其他狼争夺统治权，因为根本就没这回事。种狼只进行繁殖即可完成领导，因为子孙后代必然倾向于听从父母的号令。这个关键在于并没有什么是必须去统治或胁迫的，因为它们本身就是家庭成员，并不存在什么威胁和暴力。"迈克的研究表明，头狼才拥有繁殖的权力，这也就自然而然地让整个狼族是一种家庭关系，头狼是父母的角色，也自然地被确立为首领且具有统治地位。他说："没有头狼会突然跑在狼群最前面强迫所有狼服从它。"同时，根据凯伦·欧文奥博士的观点，动物行为学家普遍认为，尽管族群中每个成员按自身利益行事，但自身利益必须要符合族群共同的责任，某个成员如不断地向首领展示自己的力量将被视为异常现象。事实上，每个族里的集体行动都需要每个成员共同努力。在自然环境下，这种群体行为取决于环境的变化，因为狼族能在恶劣环境中生存的成功关键就在于狼族成员间的相互合作。狼群有着复杂的社交系统，人们一直在研究它们，想了解它们在交流中所使用的全部的沟通方式。现在我们了解到，只有在重要资源如食物和交配出现毁损和稀缺时，才可能会产生等级和统治地位的强化或者强调。

所以，当人与狗狗之间问题发生时，为什么一些驯养员要通过所谓的"统治"训练来使狗狗做它们不想做的，还说这是发生了奇迹？这根本就不是什么奇迹，也与所谓的"统治"无关。那不过是借助武力和不断惩罚害怕的狗狗，让它时时刻刻处在被统治的环境下直到死亡，这被称为刺激，把它称为统治训练，从根本上讲就是错误的。这样的刺激行为，不管是对人还是狗狗，不仅没有任何好处，还会衍生攻击性行为。如果狗狗正处于恐惧情绪中，还对它进行训练，那简直就是虐待。

动物相互服从、团结合作会使群体更安全、强大而健康。如果一个人为维护自己在团队中的地位而威胁到组织的协作努力，那么他就会被赶走。像这种例子数不胜数，一旦有成员试图武力征服其他成员，就会被大家赶出群体。狼群会驱逐个别不断使用过分身体暴力来维护自己权威的成员，猴群也同样如此。

行为学家通过对物种的团队合作进行研究，帮助我们更好地理解我们自己和我们生活的这个世界。下面有个我们可以从自然中学习到的很好的例子——天鹅的故事：

每年秋天，当你看到天鹅去南方过冬，一路沿"V"字飞行时，你可能在想，他们到底为什么要以这种方式飞行呢？

每只天鹅扇动它的翅膀时，都对后面的那只天鹅形成一种推力。

通过"V字形"飞行，相比每只天鹅各自单飞，整个天鹅群的推力增进了至少71%的飞行距离。那些方向和集体意识一致的人，总是可以更快更容易到达目的地，因为他们借助彼此的推力前进。如果一只天鹅掉队，它会突然感觉被拉住，这种阻力使它不会掉队，然后再利用前面的天鹅扇动翅膀时产生的浮力快速回到队形。

如果我们有天鹅一样的意识，我们将与那些目标一致的人们一道前行。

当领头的天鹅累了，它会飞到后面，然后另一只天鹅飞到前面。

无论是人类还是飞往南边的天鹅，困难工作轮流做，这都是非常明智的。

同时后面的天鹅不断嘶叫，以此鼓励前面的天鹅保持速度。

如果是我们跟在后面，我们会说什么呢？

最终——有一点很重要——当某只天鹅生病或被枪击或是从队形中掉落时，马上会有另外两只天鹅同时落下陪伴它，给予它帮助和保护。它们一直陪伴在同伴的身旁，直到它能够再次飞翔或是死亡。只有这个时候，它们才独自或同其他天鹅一道去追赶自己的队伍。

如果我们有天鹅的这种意识，也会这样支持彼此。

父母深深明白保护和教育子女的重要性。毕竟，父母这一角色不仅仅是提供食物、住所和衣服，同样也有责任制定规则。你允许狗狗和小孩做他们适合做的事情，这便是你教育和保护他们的规则。小孩贸然跑到马路中间或者在学校偷其他小孩的东西，这不可能不受到惩罚。最好的情况是，父母要扮演关爱和蔼的角色；他们是安全和舒适的来源，同样他们也通过事例、规则和规矩教育小孩。而你在狗狗的生命中，也要充当一个和蔼而仁慈的导师，教育它和指导它。

如果一个三岁小孩能够到门把手，那么她就能够决定狗狗能否出去；如果她能拿住一个球，那么在狗狗眼中她便是主人。所以，统治不意味着强大，而是要建立你的规则使你能控制狗狗想要的东西，为了得到它想要的，它就不得不乖乖听话。你控制食物、感情、玩具、行动自由、气候和它生活中的任何东西，没有任何商量的余地。实际上，你就是在说："我会给你整个世界，但是你得先为我做些事。"当小狗狗理解了这些，你就很容易在没给它奖赏前就叫它去做些事，而奖赏有可能会是些食物、追个球、去户外或者其他方式等。

让狗狗爬台阶或者出门前，先命令它趴下，这是很好的日常训练机会。同样在给它喂食前，叫它坐着或者叫它从沙发上跳下来再给它食物，能让它感觉到这是对它之前行为的一个奖赏。诸如这些，与"向它展示谁是老大"，通过武力强迫它坐下、躺下或无条件服从你，有着非常大的不同。

发出一些指令前需要先问问自己为什么要让狗狗坐下、躺下或随叫随到。是出于安全考虑吗？理想情况下，我们训练狗狗来回应我们的信号，是因为我们在一些情况下可以帮助它们，而同时我们自己也会感到有成就。训练刺激成长，这在我们和狗狗之间形成了一种积极联系，涉及到一种沟通和互动。正是这种协同作用，让狗狗和我们以独一无二的方式成长学习。在狗狗的陪伴下，我们可以深深体会到耐心、诚实、怜悯和一致，也就是说在与狗狗相处时我们要让语言匹配我们的行为、思想和情感。同时我相信，狗狗也会凭借着我们无法想象的方式在此过程中收获着益处。

所以，当你读到或听到任何宣称"将狗狗死死按在地上"，"用皮带猛拉或抓住它的嘴大声喊'不'，让它知道谁才是老大是多么重要"的说法时，请你一定要慎重考虑并认真想一想。不是要去和它竞争，而是要引导它。让它看看这个世界是如何给它提供食物、情感和自由的——如果它行为不当，就不理它（当然，这要注意一点——如果忽略它的行为会伤害它、其他人甚至周围环境时，就不要这样做）。让狗狗了解什么是适当的行为，努力创造一个你可以保护狗狗、你自己和环境的氛围。

凯伦·奥佛尔博士是宾夕法尼亚大学兽医学院行为诊所的主任，他总结了以下与狗狗建立良好关系的途径：

- 实践顺从的行为。
- 不要体罚。
- 让狗狗知道你对它不是威胁。
- 奖励好行为，即使它们是自发的。
- 不要纠结小细节——没有谁是完美的。
- 总是让狗狗知道：只要它乖乖坐下，就会有奖赏、爱或玩具。
- 不要仅仅因为"你可以"就去做某些事。
- 跟狗狗说话时，唤它的名字，并明确发出指示信号。
- 做个可靠而值得信赖的主人。

经典条件反射、对抗性条件作用和操作性条件反射

先来讲一个案例：一个老奶奶，晚上七点钟拿起自己的拐杖，准备带她的两只狗狗去散步。当两只狗狗竞相从院子里跑出来时，它们都发现了手杖。一只狗狗跳了起来，摇着尾巴，等不及要到外面去，而另一只——刚从当地收容所抱回来的狗狗就非常沮丧，它平伸着耳朵，垂下肩膀，尾巴夹在两腿之间，开始不停舔自己的嘴唇，当老奶奶拿着手杖向它走过去时，它吓得撒尿了。"斯巴克，怎么了？"老人轻轻地问，"我们只是去走走。"

在这里，我们看到了一个拐杖引发的两个完全不同的反应。这根拐杖只是一段普通的木头，对两只小狗狗却代表了截然不同的东西。为什么呢？联想。第一只狗狗与手杖有过愉快的经验，手杖意味着它要去散步，拜访它的朋友们，和刚搬来的邻居打招呼；第二只狗狗也有着关于手杖的经历，在上个家庭，他们总是想打它就打它——主要是因为它在地

毯上撒尿。于是，对这只狗狗来说，拐杖就意味着麻烦。

早在20世纪30年代，著名的行为学家伊万·巴甫洛夫就发现当狗狗学会将铃声与食物联系在一起后，每次铃响了它们就会自动流口水。一段时间以后，不管食物在不在眼前，每当铃声响起狗狗仍然会流口水。这类行为被称为经典条件反射，也被称为关联条件反射。"条件反射"一词只是意味着学习。在上述案例中，两只狗狗都学会了联想，但一个是消极的，另一个是积极的。在经典条件反射中，狗狗学习将不同的东西联系在一起。它意识到如果"A"发生了，接下来"B"将有可能发生，就像钟响是食物即将出现的信号，但结果并不取决于它做什么。换句话说，无论它如何反应，一些事件都可能会以这样或那样的方式发生。因此，它将开始自动作出反应。门铃响了，食物出现，而狗狗的结果行为（或条件反射）就是分泌唾液。这种类型的条件作用也发生在我们的日常生活中。例如，当你从汽车后视镜中看到一辆警车闪烁的灯光时，你有可能会得到一张罚单。于是，每次一看到警车你就会心悸、手心出汗。经典条件反射主要涉及身体本能的反应，如唾液分泌、心跳加速、眨眼、战斗或战斗反应及类似情况。

经典条件反射可用来遥控狗狗的响片①训练，如此一来，它就几乎和食品奖励一样好用。那么同样地，如果你将食物和夸赞联系在一起，你的赞美就会增加价值。所以，每当你给狗狗一块火鸡肉时，你都要说"好样的"，时间一长，"好样的"就几乎成了与火鸡肉本身一样好的东西了。

下面是经典条件作用的其他几个例子：

- 扔球与玩耍相关联
- 食品袋打开的声音和食物相关联
- 牵引绳的出现与散步相关联等等

---

① 一种训练动物的工具，发出短促而清脆的咯哒声。——译者注

通过经典或关联条件反射，狗狗学会了预测每当某件事情发生时，就会有好东西出现，且它自己其实和结果并无关。

这里还要说对抗性条件作用和经典条件反射有一个最大的不同点。经典条件反射使狗狗联想到一些没有价值的东西（称为"中性"），通过关联，以增加其价值。把一些好东西比如好吃的食物和一些对狗狗没有任何感觉的东西联系到一起，也就是所谓的"中性"。例如，当一只狗狗第一次被训练时使用了响片，狗狗对此没有任何经验，因此，除了好奇它并没有任何感觉。但是，当响片的外观（或声音）与食物联系起来的时候，狗狗就会将这两者联系起来。而对抗性条件作用则能够改变狗狗对已经不喜欢的东西的感觉。举个例子，如果狗狗害怕真空吸尘器，你就可以借助对抗性条件作用让狗狗对吸尘器的态度来个180度的大转弯，变成'我喜欢真空吸尘器'。通过对抗性条件的训练使用，狗狗对其他狗狗、猫、邮递员、吓到过它的物体或是任何它不喜欢的东西的感觉都可以改变。通过把食物和它不喜欢的东西联系起来，我们改变了狗狗对这件事情的感觉，或者说完全颠倒了狗狗的感觉。例如，如果狗狗喜欢攻击邮递员或是被他吓到了，下次只要邮递员接近你的房子，你就给狗狗来顿美餐，那么，狗狗就会开始喜欢以前讨厌过的邮递员，因为后者现在变成了有美味可吃的预报器。

而操作性条件反射也有别于古典条件反射及对抗性条件反应，狗狗会影响反射发生。操作性条件反射或学习行为的结果与行为间存在偶然性。换句话说，就是狗狗知道：如果它有什么行为的话，就会产生一定的后果。简单来说，操作性条件反射遵循ABC原则。

操作性条件反射的ABC原则：

A.前提（任何感官刺激）→ B.行为（狗狗做的任何事）标志→ C.结果（狗狗实行行为后所得物）

下表来展示操作性条件反射的原则：

声音，比如：单词"坐下"→	坐在地板上是希望→	得到食物奖赏
响铃→	跑到垫子旁是希望→	准备出门
人的脚步接近住宅→	跑到门口吠叫是希望→	得到夸奖
抚摸，如：爪子被抚摸→	把爪子举起来示意"握手"是希望→	去追一个球
抚摸头部→	跳到沙发上是希望→	和主人待在一起
气味，如：狗粮的味道→	跑进厨房趴下是希望→	吃东西
古龙水气味→	去门口迎接熟悉的客人是为了→	得到奖励和客人的爱抚
非法毒品气味→	大叫来告知毒品的存在是为了→	得到表扬和更多的食物

The Dog Whisperer

第二部分

秘密武器：

狗狗非暴力
驯养必备

第 9 章 行为动机和各种奖励

有若干因素会影响训练。打个最简单的比方吧，狗狗在做某件事时，要么是想避开某些东西，要么是想从中得到某些东西，就像我们做一些事情是想得到钱。让一只狗狗听从我们的要求往往是很难的，因为大自然赋予了狗狗与生俱来的行为动机，而这与我们对它的要求是相冲突的。对一只狗狗来说，大自然赋予它的行为动机可能值很多钱。在它们眼中追松鼠如果值 2 万美元，你的要求也就值几美元而已。而如果你想和大自然竞争的话（松鼠们等），就必须拿出些能够激励它们的东西——美味的食物。

激励你的狗狗

刚开始训练狗狗时，如果正好有松鼠穿过院子而你却对狗狗喊："坐下！"，会发生什么呢？它会想谁更值钱？价值 2 万美金的松鼠，还是你？此时此刻，追松鼠是有巨大回报的，而你的"坐下！"一文不值。如果你继续重复"坐下"这俩字，这俩字也只会越来越无力。而如果邻居家的小母狗频频向你家未绝育的狗狗放电的话，这时你喊"过来！"，那哪里有 2 万美元？明显不是你这儿吧。

追松鼠、和邮递员打招呼、与其他狗狗们扎堆儿玩耍、嗅马路上不幸死亡的小动物，这些都是让它从你那儿分神的强大刺激物。在这些情况下，你，一个提供了狗狗世界里的一切好东西的人要靠边儿站。因此，要想狗狗听话，你得比那些让它分神的东西更有价值。你要把自己提高到在它眼中是最高级刺激物的位置，那样的话，不管什么情况，它都会听你的。所以要想做到这一点，你要对一切它想要得到的东西加以控制，这也就意味着狗狗需要付出一些才能得到它想要的东西，包括食物、玩具和自由。

奖励的等级

狗狗有不同的厌恶和喜好。以人来打个比方，想想拉斯维加斯的老虎机、彩票或者赛马，这些会带来丰厚的回报、不错的回报和一般回报。如果狗狗是拉斯维加斯的赌徒，那么它可能把生的肝脏当作1万美元的回报，而对于另一只狗狗来说，可能会把一个吱吱响的玩具当作是最大的回报。

随身携带奖励

随身携带食物奖励的最简单、卫生的方法是带一个宠物食品袋或者腰包。记住每天结束前要清空食品袋或腰包。你先要明白你的狗狗最看重什么，鸡肉、火鸡和奶酪应该是不错的选择。其他对狗狗有吸引力的任何东西也都可以。

一等奖 1 万美金

- 特殊食物奖励。
- 玩耍（某些情况下）。

二等奖

- 通过表扬和抚摸得到被爱的感觉。

- 玩耍，包括玩玩具。
- 社交活动，包括允许狗狗陪你出行（比如可以和你一同乘车）、上下楼梯、共同进出或准许它爬上床或者其他家具。

诱惑、贿赂和奖励

诱惑，就是许诺给予奖励，它可能是一块食物或其他能引诱狗狗来做你让它做的事情。比如，狗狗饿的时候，你把一块火鸡肉放到它鼻子前，然后你可以引诱它跟你走。吱吱响的玩具可以作为引诱物，打开一罐狗粮可以作为引诱物，打开前门也可作为引诱。

而贿赂，则是变了味儿的诱惑。如果你每次都要向狗狗出示一块火鸡肉才能让它听话的话，那你就是在贿赂它。诱惑是用来让它感兴趣的，是仅当必要时才使用的。如果发现你只能依赖食物或玩具来让狗狗听你口令的话，那么可以说，你在拿这些东西当贿赂使用。

奖赏，就像书中所用的一样，是一个正强化术语。强化是给予理想中的行为的奖赏。和诱惑不一样，诱惑是用来吸引狗狗去做某事，奖赏是当狗做出理想的行为时你给予它的东西。当狗狗用屁股击中大门，你就立刻给它一块火鸡，这时你就是在奖赏它。奖赏狗狗，但不要贿赂狗狗。一旦狗狗知道它的行为可以带来好东西，就会努力获得自己想要的东西。

如前所述，奖赏也是有等级秩序的。有些非常棒，有些很好，有些一般。为了使狗狗斗志昂扬，尤其当你在教它新的活动或者行为时，要常奖赏它——在人类术语中，这值1万美元。但需谨慎，要让奖赏保值。如果一次又一次给予狗狗丰厚的奖赏，那么奖赏就会失去价值。同时，如果你在同一时间内给的同一奖赏数量太多，也会失去其价值。经典的例子是一个训狗师可以不通过消极反应训练就使狗狗厌弃刚出炉的牛排。她如何做到的呢？在简短的演示后，她多给狗一块牛排，超出其正常饭量。到了展示的时候，她又给了这只狗一块牛排，狗看都不看一眼。牛排在狗再也吃不下的时候失去了其价值。

其他奖赏也可能被误用，从而失去其威力，例如表扬。当狗狗按照你的指示完成任务时你总想表扬它。但是如果它什么都没做，你也表扬他，它可能会忽视你。对于狗狗最喜欢的玩具也是这样。狗狗应该因为听从了你的指示而得到奖赏，而不能随时得到这些奖赏。奖赏，作为奖励狗狗的物品，应该保值。当然，你还可以使用小伎俩，在它做得特别好的时候，偶然给它一个很特殊的奖品，让它得到巨大的激励。

改掉狗狗依赖奖品的习惯

当我1974年开始训狗时，我就很坚定地表示我绝不会让狗狗依赖上奖品。我用表扬、轻拍、自由活动，但从不用奖品。当我转到非暴力专训时，首先学习的就是怎样让狗狗改掉依赖奖赏的习惯，因为我们不可能永远都随身带着奖品吧。因此，你必须尽快改掉它这个习惯。让它不再依赖奖品而听从你，有三种方法：

1. 使用"自由活动"作为奖赏。狗狗不是随时随地都可以自己自由活动的，要对它的自由活动时间加以限制或控制。比如关了一段时间，然后放它出去，它就会将这种"自由活动"视为你给它的奖励。

2. 形成行为指示链。意思是变换不同的行为来让它完成指示动作，并以此形成一种动作行为链。比如这一系列行为可以是：坐、卧、待着、过来，然后再给一个食物奖励。

使用间歇式食物奖励法。用食物奖励狗狗的行为，但要渐渐减少给食物的次数和数量。

如果你坚持听从以上这些建议，狗狗将会改掉依赖奖品的习惯，行为变得越来越稳固。因为这些建议可以提高你对狗狗需求的控制力。

第10章 专业训狗师的秘密

如果你以为,"我的狗狗知道,它只是不想去而已。"那么证明你并不了解"情境学习"这个概念,重复的训练方法以及狗狗自身生物规律和学习螺旋式曲线都可产生影响力,从而塑造狗狗行为。这些被称为专业训狗师的秘密,然而,这并不是什么秘密,只是大多数人训练狗狗时对这些因素并不以为然,而专业训狗师会熟练地使用这些规律。

情境学习

你曾经有过这样的尴尬经历吗?某人走过来跟你打招呼,你却丝毫想不起来他是谁了。你知道见过他,但当时的见面方式或见面地点全想不起来了。我们肯定都有过这样的经历。你在工作或者教堂或者家庭教师协会上见过一个人,然而下次你在超市或者街上碰见他的时候,你却想不起来他是谁或者你们在哪儿见过。

你所经历的就是情境或环境改变导致的尴尬。在你人生中某个环境或场合见过的一个人,当他下次突然出现在另一个场合,你的大脑开始回忆,与以前联系,却一片空白。这种情况同样会在训练狗狗的时候发生。

迈克认为自己的金毛猎犬——桑尼是世界上最聪明的狗狗。他教会了它各种杂耍,比如坐、装死、爬行、握手、翻滚、在鼻子上平衡一块饼干。有一天晚上,迈克正在看《吸血鬼猎人巴菲》,中间插播一个商业广告,一只狗狗打开了冰箱,抓住一罐啤酒,拿给训练师。迈克决定让桑尼也能做到这些。他就教桑尼开冰箱，去拿啤酒给他。等迈克喝的时候，桑尼会安静地在一旁坐着，待喝完，桑尼会拿走空罐子并扔进垃圾桶。

这样的训练花了几周时间，最终桑尼学会了。迈克迫不及待地邀请他的朋友来观看周日橄榄球超级杯大赛，以便炫耀桑尼惊人的特技。当大家聚到一起满怀期望时，迈克自信地指示桑尼"给我拿一罐啤酒"。桑尼上下跳着，摇尾巴，兴奋地吠叫，做了迈克所教的所有把戏，唯独没有按照指示去拿啤酒。你可以想象朋友们的诘问。迈克完全不明白桑尼为什么不知道主人让它做什么，这是因为之前他是在没有任何干扰的环境里训练桑尼这种行为的，迈克从来没有在旁边有10个人的情况下训练过它。这种新的环境形成了一种"兴奋墙"——封闭了它的记忆。

迈克的经历强化了情境学习的概念：当你能在无人的客厅里训练狗狗坐下时，并不代表你让它在外面院子坐下时，它就会坐下。外面不仅仅有更多的干扰（这是"环境"的一部分），而且草地——它被指示坐下的地方——也是一个新的因素。当你加上朋友、其他动物、各种干扰，狗狗需要时间重组同化每一个变化。每次你改变环境，就必须从头训练这种行为，就当它以前从来就都没学过。它不是顽固挑衅或者有恶意，相反，它是真的不知道在那种环境下应该怎么做。

最终，它会"形成概念"并且随时随地按照你的要求表演预期的特技。当狗狗形成概念，就意味着："我懂了——你不用每次去新的地方又从头教我了。现在我知道在任何地方或者场合'坐下'就是'坐下'的意思了。"

塑造行为

对婴儿每挪出一步进行奖励，直到你取得最终想要的行为就是塑造行为。这是在"逐次趋近目标"的方法中得以实现的。换句话说，每次奖励的婴儿挪步就是最终目标的一部分或者趋近最终目标。奖励连续行为，可以通向最终的行为目标。不太理解？请接着往下看。

训练狗狗的行为就好像"热和冷"这个游戏。在这个游戏里，一个人要设法找出其他玩伴在房间里藏好的让它去寻找的东西。它在房间里四处走动，同时其他人说"你越来越暖和"或者"现在你越来越冷"直到最后它靠近正确的物品时会被告知。这就像训练狗狗。每次狗狗做得越来越接近你想训练的行为时，用赞扬和零食来回报它的努力。而当它越来越偏离你想训练的行为，忽视这个行为——就像在说"你越来越冷"。然后，当它最终"成功"，它会得到一个大的奖励——价值几万美金的奖励。

事实上，你可以通过这样做在你狗狗身上塑造任何行为，包括以不同的速度摇尾巴，快速或者慢慢地坐下去，一连打三个喷嚏，或者点头是或否。所有这些行为都是一步一步塑造出来的，比如，训练狗狗用乞求的姿势坐下，首先它坐下就奖励它，然后把食饵拿高一些，当它伸长脖子想要得到食饵的时候，奖励它。当它提起一只爪子，再次奖励它，两只爪子离开地面，接着奖励，最终只在它完成平衡的坐姿时再奖励它。

就非暴力训练而言，我们使用三种方法塑造行为：正强化、负强化和消极惩罚。从科学层面来说，强化，无论是正面还是负面，会增加被重复行为塑造成功的可能性，而惩罚则会减少塑造成功的可能性。偶尔，非暴力训练会使用消极训练，但仅限于保证不会在身体上、情感上或者精神上对狗狗和人造成伤害的前提下。

正强化意味着重复下指令，当它做出你想要的行为时就奖赏它。当狗狗执行坐的指令时，奖励它。每次它在可能的时候做出坐的指令，都奖励它。若孩子每次成绩都得 A，你奖励他 10 美元，他就有可能继续保持好成绩。此外，这也是通过积极培训塑造狗狗行为的一种基本方法。

负强化是指采取非正面方法让它做出所希望的行为。对我们来说，汽车的安全带报警是负强化的一种形式。除非你把安全带扣在一起，令人恼火的蜂鸣器才会停止工作。古老的沉默治疗也是负强化的一种形式。你的另一半拒绝和你说话就是负强化，而训狗中的负强化，是指在它做不对时就忽视它。在保证不伤害狗狗的情况下，我们偶尔会采用负强化的方法。一定不要使用暴力方式对待狗狗，包括使它受到惊吓和颤抖，比如，捏耳朵和不断摇晃。使用这些方法中的任何一种，都意味着你对狗狗使用了暴力，意味着采取办法减少狗狗重复特定的行为的可能性。惩罚可以是积极的，也可以是消极的。这可能听起来令人困惑，但请继续往下读。

积极惩罚包括物理方法，如打、踢、惊吓、晃动、甩报纸等等，试图阻止像跳跃、扯牵引绳、偷窃食物、啃家具等等。消极处罚意味着采取一些办法剥夺狗狗所得的好处，从而让它停止某种行为。如果你的狗狗咬你，你就走得远远的来忽视它。如果你让狗狗坐下来但它狂吠，你可以将准备赏给它的食物吃掉。其实人类也是如此，孩子回家迟了，家长就会没收其电脑或手机使用权。这种剥夺利益的行为就称为消极处罚。在这种情况下，"消极"一词意味着剥夺好处。本书中所提及的训练就是让我们使用消极处罚而不是积极体罚。

重复因素

若要狗狗学会做出适合家庭的行为，唯一的方法就是让它不断重复该行为，没有捷径可走。根据狗狗的年龄、遗传倾向、历史记录、动机水平、能力和生活方式的不同，用几个月或几年的时间将任意一种行为重复几百次或10000次以上。同时，行为稳固性的程度与不同环境下成功反应行为的次数直接相关。专业培训人员认为一岁半至四岁是训练稳固性行为的阶段。

生物节律与学习曲线

常识告诉我们，狗狗如人，有得意和失意之时。不管在情感上或肉体上，它们可能今天感觉有点低落或焦虑，隔天又变得情绪高涨；上午的行为可能在晚上做不出来；在低干扰的环境下所有的行为可能在吵闹的环境中做不出来；在狗狗感觉好的条件下做出一种行为，而当它受消化不良或关节炎困扰时，可能就不能做出相同的行为。

像人类一样，狗狗有它们自己的生物节律周期。肉体上、情感上和精神上也都会呈云霄飞车曲线一般——整合更多的信息，逐步达到更高，然后降低一点，再达到比以前更高的程度。今天它按照你的指示老老实实坐下，第二天它又像从来没听过坐下这个词一样。一名优秀训练师的经验是要清楚什么时候狗狗情绪高涨，什么时候情绪低落，这样你就可以在自然的学习速度内培养它。

在严格控制的环境中，学习曲线的走向如同在一个实验室或海洋哺乳动物水上公园一样，我们需要制订计划并严格遵循，以便达到理想结果。但在日常生活中，尤其是当你匆匆忙忙赶回家的时候，谁会有这么多的时间呢？或许大多数人都认为狗狗要适应人的时间安排和生活方式，我同意这一观念——但不应以牺牲狗狗的健康和利益为代价，这意味着你要考虑狗狗身体、心理以及情感上的需求，毕竟，狗狗的感觉直接与你的训练计划能否成功有关。增强你的观察技能和直觉将会大大有助于此计划的开展。

请记住，狗狗遵循他们自己的天性——生活在当下。它们可以在一瞬间转移注意力。这一秒它可能盯着你，但下一秒，它的注意力就会就被微小的事物、微弱的声音、触觉或气味而吸引。记下这条规律，再考虑一下你的生活方式和时间，然后在训练前用90秒的时间并以此为根据调节好狗狗心理和生理上的状态。

第 11 章　如何让狗狗快速形成可靠稳固的行为

在本章节中，你将会学到一些与狗狗交流的有效方法，并学习如何在这个过程中让狗狗快速形成可靠稳固的行为。

声音奖励：响片和语言

狗狗的一生时间有限，在这短暂的时间里，它们会把正在做的事与某个结果联系起来——无论这个结果是奖励还是惩罚。如果你正在教狗狗坐下这个动作，当狗狗把屁股挨到地板上的时候，你站起来一秒钟，让它知道："是的。这就是我想看到的动作！"换句话说，为了把这个信息传达给它，你必须几乎在它坐下的同一时刻传达给它认可的信号。如果狗狗在地毯上撒尿了，而你在三秒之后进入房间的话，这时你即使批评它，冲它叫喊也没用了。狗狗不会把它三秒钟前的撒尿行为与你的叫喊联系在一起。在它看来，你的叫喊只是因为它那一刻正在做的事——静静地躺在地板上。

当狗狗在你发出命令后坐下时，你要向狗狗表达出你的喜悦，而如何提高这一信息传达所需的瞬时速度呢？每次看到一个你想要的动作，你就要瞬间给出食物奖励，而持续给食物是相当困难的。所以，按照著名的行为学家巴甫洛夫的方法做吧——把某个声音变成可预测的奖励。

我们用语言和响片进行此种声音奖励。许多训狗者用一个可以发出蟋蟀叫声的玩具作为响片，用显而易见且清晰的声音给狗狗发出指令。

这个玩具其实是个小塑料盒，差不多一个火柴盒大小。用响片向狗狗传递信息的速度非常快，远远超过任何特定词语。记住，你需要向狗狗传达这种信息：它刚才做的正是你想要它做的动作，且此种信息的传达必须在它做出这个动作几乎同一时刻发生。通常我们的口头反应能力无法达到那么快的速度或与狗狗的动作保持一致性，这就是为什么我推荐使用响片的原因。响片是一种快速、准确、新颖的工具，可以在狗狗做了你所期望的行为的一瞬间，让狗狗得到强化记忆。但是，再次强调，响片只是过渡工具。最终，你将不再使用响片，而是仅仅用肯定的语言作为狗狗的奖励。

如何使用响片

刚开始的时候响片对狗狗来说毫无价值，且没有任何色彩，所以可以采取以下方法赋予它价值：把它拿在手上，让它发出声音然后立刻给狗狗好吃的。像这样发声并给予奖励十到十五次为一组，每天做两到三组。当狗狗一听到声音就开始四处找食物的时候，就说明它已经听懂了你的意思。接下来，你可以开始响片训练了。例如，当你训练狗狗坐下时，把手放在它的脑袋上方一英寸左右的地方，如果它坐下了，那么在它的屁股挨到地板上的那一瞬间立即发出声音并给予奖励。有些狗狗对声音比较敏感，所以在选择响片的时候必须谨慎小心。

使用响片的技巧

如果狗狗害羞怕人且对声音敏感，使用响片时需要一些计划让狗狗适应，这里的计划建议如下：

- 确定你在使用响片时所选择的食物奖励是狗狗所喜欢的。

- 把响片藏在口袋里或裹上一层毛巾，并且拉大你与狗狗之间的距离。
- 不要让响片发出完整的两个短声——按下拇指只发出一声即可。这样，当狗狗下一次做出你想要的动作的时候，放开拇指发出另一声即可。
- 发一次声，奖励三到五次后停止。记住奖励要紧接着声音，然后重复这个过程。
- 一旦狗狗把单个低音与奖励联系起来，你就可以尝试两个低音。然后赋予这个双低音特殊的意义。
- 你要一发出声音就投放食物，或者请个人站在狗狗的旁边帮你投放食物。
- 渐渐拉近与狗狗之间的距离。特别是面对敏感的狗狗，这个过程可能会持续几天。
- 确保你的行为是高兴且愉悦的。

水上公园的海洋哺乳动物训练员们在训练鲸鱼和海豚的时候用哨子作为"标记"，而不是用响片。因为他们需要双手自由并发出指令，而响片不适合这一点。尽管哨子也能用来训练狗狗，但是我仍倾向于使用响片，因为使用哨子时无法立即给予狗狗言语奖励。

耳聋者可以用手电筒的闪光或是室内光做标记，也可以采用其他方法来标记动作，例如抚摸狗狗或者打手势。

也可以选择不使用响片。如果你没有响片，可以选择使用语言来标记你想要的动作。例如，"好狗狗"、"是的"或者"做得好"、"好样的"等等。这样每次狗狗做出了你要求的动作时，它就会明白（自己做的是对的）。注意训练开始的时候要始终使用相同的单词或短语。

响片虽然不是绝对必要的训练工具，但却有独特的价值，因为无论对于人类还是狗狗来说，它都是新颖的。

一旦你开始习惯使用响片，就会发现它比其他工具更加有效，因为你保持说"好"等语言的速度始终无法与响片媲美。

响片可以用作"时机调节器"。

时机调节器可以刺激并引发狗预感到即将发生的或好或坏的事情。例如,当你打开一罐食物时,它就能预感到马上可以吃东西了;当你牵引绳,它会预感到即将散步了;就像这些积极预期的例子,当你拿起响片,它就能预感到开始做游戏了。这就像在狗狗的头顶安了个遥控器,你一打开开关,它就会立刻开始工作。它会马上发现响片并对自己说:"噢,有好事要发生啦。"这个概念很重要,因为狗狗不可能随时准备着。时机调节器能打开狗狗头顶的开关,帮助它注意到你。

记住,当狗狗做出你要求的动作时你要立即发出响片声音并给予奖励,否则,它将无法把声音、奖励和动作联系在一起。再介绍一下"非奖励"标记,这就像特定的声音或"好"这个词语能够标记正确的反应动作一样,通过给予非奖励标记,你能帮助狗狗认识到自己做出了错误的反应动作。非奖励标记可以是一些词语,例如"哎呀"、"啊啊"或者"噢喔"。比如,训练狗狗坐下。你给它两秒钟的反应时间,如果它没有坐下,就发出"哎呀"的惊讶声,并取消它得到奖励的机会。再如,训练狗狗保持不动。如果它立即站了起来,也发出"哎呀"的惊讶声,然后转身离开。

这么做会产生两种结果:

1. 如果狗狗无法做出你要求的动作,说明你的训练进程太快了。所以你应该回到它之前能够完成的动作并从那里开始重新训练;

2. 狗狗会真正认识到它的奖励得到与否是在被你控制着,因为你不仅仅是通过响片发出声音来鉴定哪个动作可以得到奖励,它还能通过你发出的惊讶声"哎呀"来判断哪个动作是错的。

百分之八十原则——如何做到话中有意

在我成长的过程中,我家总共有五个孩子。像一般有孩子的家庭一样，我们的卧室在楼上，每到睡觉时间就在床上跳上跳下，咯咯笑，发出各种吵闹的声音。然后父母就会在楼底下喊："要是我上楼……"但是我们仍然乱蹦乱闹。

最后，父亲会进一步威吓我们。他站在楼梯口，发出跺脚的声音，假装即将上楼来，但是这也不会让我们安静下来，我们知道父母的威吓是没有任何威慑力的空架子。而如果父母真的要阻止我们不合适的行为，会在采取严肃行动前威吓九到十次。最后父亲会真的上楼来，我们才会真正闭嘴，把自己埋进被子里，假装已经睡着了，并且希望他听不到我们砰砰的心跳声。

狗狗也是如此。语言对它们来说是没有意义的，除非赋予语言以威慑力和含义。比如可以把语言和结果（例如，奖励）联系在一起，所以在这里我向大家介绍"百分之八十原则"。这个原则是说，什么时候可以标记某个行为赋予语言含义，什么时候持续训练，什么时候放缓速度，什么时候增加训练干扰。

通过第三部分内容的学习，我们给百分之八十原则以如下定义：当你有八成把握肯定狗狗能够做到这个也能做到那个的时候，就可以进行下一步训练了。何时进行下一步要基于你的判断，因为你比任何人都要了解自家的狗狗。拇指法则则是这样定义的：如果狗狗在任何场合下十次有八次都能做到你要求的动作，就进行下一步训练。

某些动作，比如坐下和躺下必须在进行标记之前建立起（反射）。换句话说，就是必须在你确定它会坐下时才可以说坐下。这些动作首先是利用诱饵、手势、响片和奖励来训练。例如，什么时候开始说坐下这个词呢？当它十次有八次坐下时，就是通过打手势之前立即说坐下来标记这个动作的时候了。

然而某些其他行为可以被立即标记，这是因为你已经有八成把握肯定狗狗会作出反应。这些行为命令狗狗别动、过来、进窝，以及要求它触摸棍子或是你的手。在这些动作中，狗狗会迅速对你的要求作出反应。

例如，当你想要狗狗别动时，用手阻止它前进并立即给予奖励，所以它会立即不动。"进窝"这个动作也是同样的道理。它会跟着食物奖励进到窝里去，所以它已经在进行这个动作了。

当你开始训练某些新的动作时，必须处在一个没有干扰的环境里并且使狗狗注意力集中。要做到这样，动机是关键。只有当你有八成把握狗狗会作出反应时才可以使用信号。你可以在屋里喊狗狗过来，但是在户外利用附近的浣熊吸引它过来又是另外一回事了。你必须慢慢地推进每一个动作的训练进程，让狗狗的行为越来越可靠。

请记住，百分之百的可靠度是不可能的。某些因素，例如疾病、受伤、压力、年龄，以前的训练等等都会影响狗狗行为的可靠度。如果狗狗对任何一个动作都有八成的反应可能，就可以认为这些动作是可靠行为了。如果狗狗九成情况下能够对你在不同环境下要求的动作作出反应，则可认为是非常可靠。我说的可靠度是在"刺激控制法"定义下的可靠，或者可以简单地说狗狗已经很忠诚了。

让你的语言有威慑力

赋予你的语言以威慑力是极其重要的，当狗狗意识到这一点之后你才可以标记动作。而这里也是许多训练员的误区。他们一遍一遍地重复"坐下"、"坐下"、"坐下"，却没有效果，这是因为他们的命令词没有威慑力。这样一遍遍的重复最后会导致狗狗以为这个命令词与它毫不相干。还有人有这样的误区：他们在狗狗已经坐下之后才发出"坐下"的命令。他们说："好，坐下。"而其实应该说："好狗狗。""坐下"这个命令词应该成为"坐下"这个动作的发出信号，而不是在狗狗已经坐下之后才说。

这里有一些规则如下：

🦴 直到动作（反射）已经建立起来，以及你有八成把握狗狗会坐下或躺倒，你才可以说"坐"或"躺"。
- 45秒内不要重复同一个命令词。
- 一个命令词只有一个或两个音节。
- 确保每一个动作都要有始有终。不要说了坐下然后就把这事给忘了。
- 不要意思是"躺倒"却说成了"坐下"。

45秒游戏

多年的训狗经验告诉我，当狗狗努力想要辨认出某个命令时会和我们人类一样——烦躁不安。比如，我实在无法决定今天晚上要干什么：看电影？待在家里看湖人队比赛？点份披萨看租来的录像？当我在思考决定的过程中，我可能压手指、抓耳挠腮、跺脚、自言自语、来回走动、玩头发（我留出来的一缕）等等。也就是说，在我思考的过程中可能会做许多小动作。狗狗其实也是这样的。它们有的可能在地板上闻来闻去并来回转圈；有些可能会倒退，跳起来拱你；更多的会昂起头、眨眼睛、打哈欠或是舔舌头；也有些狗狗的下颚会来回上下动，就好像正在跟你说话的样子。这是因为在周围没有其他的干扰的情况下，狗狗会做一两件这样的事情，从而正确领会出哪个动作会带来奖励。一般来说，这个领会你所要求动作的过程会花费45秒。然后，它会突然坐下或者躺下，或是做出任何你要求的动作。观察狗狗是如何思考并且领会你的要求的过程是个见证奇迹的过程。当见证这个神奇发生的时候，大多数人都会感到这一刻是和狗狗真正在一起的，因为这是不同物种间成功交流和相互理解的象征。所有的狗狗都是如此，无论是小狗狗或是成年狗狗，救援犬或是纯种牧羊犬，公的或是母的。

在这里我将以"躺下"这个具有代表性的动作为例，详细阐述如何做这个45秒游戏。当然这些步骤对于训练里的每一个指令动作都适用。

训练"躺下"的具体描述如下。重复两个步骤，用手势发令十到十五次左右。同时，时刻准备给予狗狗奖励，因为它时刻都可能犹豫并在站起之前躺倒。一旦它躺倒，立即给予奖励，也就是说，在任何它有可能站起的时刻之前给予奖励，共十次。现在立即进行第三步，只用语言（没有手势）。说一次"躺下"，然后等着，只要狗狗在思考怎么做就一直等着。有些狗狗会在两秒钟之内躺倒，也有一些需时90秒钟，但是这个时长平均为45秒。所以不要重复命令，等着。狗狗会躺倒的，至少90%的狗狗会的。那一刻你要做出特别惊讶的样子，并给予真正的奖励。如果狗狗是那10%中的一个，只会呆呆地看着你，脑子里什么都没有，这时就重复前面两个步骤，用手势和声音信号重复命令"躺下"五遍，然后再一次去掉手势，再等待。排除破坏这个等待步骤的干扰，或者生理或心理问题的话，所有的狗狗都会躺下的。以上这个步骤对所有的动作都适用。

那如何知道狗狗真正领会了你的指令呢？当狗狗第一次开始这个训练步骤的时候，它的尾巴是不会动的（对于大多数狗狗都是如此，但是也有难以预料的意外）。一旦这个信息在狗狗的大脑里从A点滑到B点，你会发现狗狗的尾巴开始扫来扫去了，这就意味着它几乎领会了你的意思，也可以说是狗狗的身体比大脑反应得要快。当狗狗脑袋恍然领悟了你的指令之时，你将看到它的尾巴开始真正摆动起来。

在狗狗开始摆尾之后，你的命令信号（"坐下"这个词）和狗狗完成这个动作之间的时间（称为"潜伏期"）就会缩短。偶尔你会遇到反应特别滞后的情况，特别是针对年老的狗狗。我认为这是因为它们拥有更多的经历，记忆里有很多东西，所以反应时间更长一些。经过两天的训练，潜伏期会缩短三秒或更短。

解释到这里，我就要说其实这个45秒游戏根本没有必要。无论你要狗狗做什么动作，只要按照这本书的训练指导大纲来进行，它最终都会领会你的意思的。然而，我很享受这个训练过程，因为当感受到狗狗脑袋里的灯泡亮起来时，这种感觉是件很奇妙、很让人快乐的事情。

即时行为反应——如何"快速坐下"

你显然不希望每次要求狗狗做什么时都等待 45 秒钟吧。为了得到快速反应，专业训练员努力塑造狗狗形成零秒潜伏期。这就意味着狗狗会即刻完成你要求的动作。在训练过程中，有时狗狗会没有以前反应快。它可能开始变得懒散，也许会在你的命令之后呆坐五到十秒。这是正常现象，因为缺少动力，或是因为不喜欢你准备的食物，或许是它已经饱了，也或许是它感觉无论怎样都能得到食物，就不愿再不厌其烦地冲过去了。

为了形成快速反应，以下三件事是必要的：

缩小狗狗的活动范围。这是说你需要通过监督约束和安放婴儿门让狗狗没有空闲的时间，也不能在房间或院子里闲逛。这样它的注意力就会重新回到你——这个控制着它想要的一切的人身上。我建议这样的时长为三个星期。

选一个简单的动作并单单训练这个动作一段时间。选择一个特定的动作，比如坐下、躺倒，或是让狗狗触碰你的手（目标物），并在这段训练时间内不对其他任何一个动作给予奖励。

确保食物的高质量。一旦你准备好进行训练，请依据下面的步骤。

假如狗狗通常在发出命令 5 秒之后坐下，你的目标应该定在让它 1 秒坐下。通过响片的声音发出命令，每次它 5 秒内坐下的时候就给予肯定和奖励。如果没有在 5 秒内完成，就走开并结束这一组训练，然后等待 10 秒，再回来重新开始新一组训练。只要它在 5 秒内完成了，你就留下来继续训练，如果没有就走开。这样的循环一天内进行几次就可。

一旦狗狗能做到 5 秒坐下，你就准备开始训练它更快的反应。如果它在命令后 4 秒坐下，那这就是一个新的纪录。然后从头开始，只对 4 秒的反应成绩肯定奖励。这种反应速度突破可能在一天或两天的一组训练中实现。

使用相同的训练过程来继续缩短时间，直到狗狗能够在命令发出一秒钟之内坐下。从那一刻起，你只对马上完成的动作进行奖励。你还可以辅以不同的情境奖励和生活奖励。例如，如果狗狗想要去外面，就命令它坐下。如果它在命令一秒后坐下，就打开门。如果它没有做到，你就走开，几秒钟后再试一次。这里还有另一个例子：在抛球之前让它坐下。如果它在命令发出一秒后坐下，你就抛球。如果它没有，则游戏结束。

一旦狗狗在你每次命令之后都能立即坐下，就要开始准备进行多变的和间歇强化训练计划了。

重要提示：在进行这个训练课程之前，狗狗必须了解这个动作。

3D——增加训练过程中的持续时间、距离和干扰

一旦狗狗在干扰较少的环境下学会做某个基本动作了，例如"坐"，并且完成率达到80%，就是时候准备采用新的标准来训练"坐下"这个动作了。可以逐渐增加3D：持续时间、距离和干扰。

增加持续时间，首先让它坐更长的时间。

接下来，增加距离，让它坐在更远的距离。

最后，添加越来越多的干扰。例如，训练狗狗坐在户外，然后增加其他周围的人，然后增加其他的狗狗。

分别添加持续时间和其他变量。如果你要求狗狗坐的时间更长，不要同时要求距离，并开始要求它在你走开时坐下。持续时间是一回事，距离是另一回事。如果你正在远距离训练并命令狗狗在你离开时坐下，不要同时增加持续时间，让它留在那个位置更长一段时间。

无论何时对培训过程中添加的另一个因素，比如要求它长时间做某个动作，在它正在做的时候增加你们之间的距离或干扰，一定要保持分开添加，一次一个。

在本书的第三部分中，大多数行为都是分四个不同的水平进行训练

的。每个行为都始于初级水平，然后在你进行到更高水平的过程中，逐渐增加持续时间、距离和干扰。

强化训练计划

专业培训师和行为学家使用培训时间表，行为学家使用时间和频率来奖励狗狗。这些强化时间表，就像它们的名字一样，可以很复杂，需要严格遵守。在这里我介绍一个通用的应用程序来定义这些规则：

继续强化训练：训练任何一个动作时，对每次狗狗回应你发出的命令信号都予以奖励是重要的，要按照诸如坐——食物——坐——食物——坐——食物这样的循环进行奖励。对于无干扰环境下简单的行为，在数天或数周内进行几百个这样的重复，让狗狗跟上你的训练进程是必要的。每当你想给任何一个动作增加持续时间、距离或干扰时，就可以回归这个训练计划。

可变强化训练：在下一步的训练中，不再对狗狗的每一次回应进行奖励，而是按照一个既定的计划，比如每两秒、三秒或是四秒之后反应进行奖励（坐、坐、食物——或是坐、坐、坐、坐、食物等循环），或者在两个、三个等不同的动作之后进行奖励，比如坐、躺下、坐、食物等循环。

间歇性强化训练：在这一步，每一个动作你都给予奖励，就像拉斯维加斯的偶然胜利一样。一旦狗狗明白奖励迟早会来，就会一直保有动力。这个过程是狗狗建立可靠行为的长远的目标。好的训练员要懂得如何从一个强化训练计划过渡到下一个。有些狗狗学习得比其他狗狗速度快，如果训练进程慢的话会很快让他们感到无聊和厌烦。有些狗狗学得慢，一个训练计划完成需要很长一段时间，如果你的进程太快，会让它们感到压力并最终无功而返，所以训练的诀窍是如何使训练计划成为对狗狗的积极挑战并且适合它们的学习步伐。而达到这个目标的影响因素，有狗狗的个体差异、训练动作的特殊性、你选择的奖励以及最终的决定因素——训练技巧。

我强烈建议你参加由经验丰富的训练员讲课的培训班,不仅教授非暴力训练原则,也会指导如何正确使用强化训练计划表。希望你能找到一个教练,使你理解这些原则。这就像学习乐器演奏一样。你可以从书中学习乐谱,但是直有听到专业人士的演奏,才能真正明白想象中的音效是怎么样的。同时,如我这般的视觉型学习者,需要看到教练的动作演练,才能明白和领会并提高技能。

记住,训狗的过程中,时间就是一切。观察并学习经验丰富的专业人员如何技巧性地应用这些原则是十分有价值的!

第 12 章　塑造狗狗行为的六大训练工具

这些训练工具实际上代表了塑造狗狗行为的 6 种方法。你要做的是，让狗狗做你想要它做的事，而不是你不喜欢的。切记，这 6 种方法使用起来要积极正确，而如果使用得当的话，偶尔来点负面方法也是可以的。本章有一节将详细分析如何使用所谓的"消极训练方法"，但要注意，这种训练法并不包括体罚和其他任何对狗狗有害的行为。

健康问题会影响狗狗的学习能力。训练前，首先要让兽医给狗狗做个全面体检。

狗狗不管做什么都是有原因的。它们会因为有奖赏做一些事，同样也会因为没有回报或者它们认为有害而不去做某些事。对我们来说，大多数所谓的"行为问题"都可以使用这 6 种训练工具中的任何一种或几种来解决。刚开始的时候，狗狗很快就会对你有个总体感知，这种感知最后便成了第二天性。

下面将会介绍这 6 种训练工具，所提供的建议是让狗狗形成总体行为的一些实例。

工具 1：代替另一种行为

借助这种工具，你只需要用一种理想行为替换原有行为，其实也就是说你要转移狗狗的注意力，让它做一些相反或与平时不相符的行为。

方法很简单，现在开始，你不要再想着"我怎样阻止狗狗做这些事"，你要换个方式："我想要狗狗在这种情形下怎么做？"比如，别再问自己"到底该怎么让狗狗在我进家门的时候不要扑到我的身上来"，而是换个角度，"我回家的时候，狗狗总是想得到关注和喜爱，那我到底希望它怎么做"。有个不错的方法，那就是让它在你进家门的时候坐下来或躺下来，你再会花个一两分钟去表扬它或挠挠它耳朵等等这些，好体现你对它的关心与喜爱。还有个例子，朝一只狂吠的狗狗扔一个网球，让它用嘴巴接住球，这样它就不能乱叫了，当然，它是还会发出点声音的，但至少不会再狂吠了。

工具2：行为提示

这种纠正狗狗行为问题的办法有一点像心理学上的心理修正。当狗狗总是吠叫，比如听到门铃声、有人快步行走、其他狗狗发出叫声或其他狗狗跑到院子里，还有听到电话响等。这个方法就是用在这个时候的，如果你在狗狗做这些的时候，给它一点提示，这样就是在告诉它你希望它这样做。一旦狗狗吠叫，你就摇动响片，奖赏狗狗，接着鼓励它再叫，再给它点奖赏。然后尝试用一个词和手势来代表狗吠指令，只要狗狗吠叫就使用这个指令，像我就是使用"唱"这个单词和一个乐团指挥似的挥手。很快狗狗就会明白，以后再看到手势或听到指令，它就会乖乖吠叫。

下一步，如果它不乱动、不发出声响，就给它来点奖赏。然后突然说"安静"，但不要太大声让它害怕（要知道你这会儿要做的不是吓唬它，而是要打断它）。一旦它静下来，就摇一摇响片，再来点甜头。这样一来，它就会乖乖听你的话：吠叫或是保持安静。

工具3：化消极联系为积极联系

这种方法又叫对抗性条件作用，这样做可以改变它看待问题的方式，也就是说这样可以改变它对一些事物、情形或人的看法。

比如,狗狗总是朝邮递员、大胡子邻居或是清洁工大声吠叫,当然,无论是出于什么原因,这些事物的确让它感到不舒服。还有诸如吹风机声、指甲钳声、警车鸣笛这些,同样也是狗狗不喜欢的东西。而本方法正是训练狗狗更积极地看待这些问题的,虽然要花点时间,效果却很不错。

下次只要邮递员出现,就赶紧给狗狗相当于 10000 美元的奖赏,一次又一次不断重复,它会尝试把邮递员和巨额奖励联系在一起,当然,你也可以请邮递员一块参与到这个训练里,一次次拉近他与狗狗的距离,最后,他可以直接给狗狗来点奖赏。

而像钳子声、吸尘器声等,你可以把本方法和前一种方法相结合,让狗狗按指示做出对应行为。

工具 4:撤销奖赏并忽视它的不理想行为

这种方法又叫废除法,简言之,狗狗得不到任何形式的奖赏,它就会停止眼下的行为,也就是说,一旦某种行为不再和特定奖励挂钩,这种行为就会慢慢停下来。心理学上称为废除法,也就类似于灭火。不管怎样,如果你不继续添油加火,火自然就会熄灭的。

想想该怎样让狗狗不再狂吠、跳跃、咀嚼、打洞或是乞食?又该怎样奖赏它?狗狗是很聪明的,很多情况下,其实你对它的注意力就是对它一些不良行为的奖赏,而当你不再注意它时,这些不良行为就会停下来。也就是说,如果你不再关注它有没有吠叫,它也就没什么动力再这样了。如果它绕着桌边乞食,你不理它,那么这就是让它学会放弃乞食的大好机会了,它没有理由再继续下去。

而忽视狗狗跳跃也是个极好的例子。多数情况下,狗狗都是为了吸引你的注意力才乱蹦乱跳的,有时你会拍拍它,有时却要对它大吼大叫。

如果这两样你都不做的话，它也就不会再跳来跳去了。

但也有些时候这种撤销奖赏、忽视不理想行为的方法会适得其反，导致狗狗的另一种不良行为。举个例子，如果狗狗不再在桌边摇尾乞食，它们会尝试别的方法，比如大声吠叫。出现这种情况的时候，你要继续上面的步骤，忽视它的吠叫。将这种方法和另一种积极强化方法相结合，使用效果会尤其显著。

工具5：根除行为原因

这种训练方法又叫诱发法，这个方法需要你首先确定是什么因素引起狗狗的行为问题，然后再将这些因素从周围环境中剔除出去。比如，如果狗狗曾经因为后身摩擦感到疼痛，不愿意再坐下来，那么一旦你去除这种摩擦，它就会乖乖坐下；如果它看见其他狗狗就会乱吠乱叫，那就挡住它的视线或是直接把其他狗狗带走。还比如移除吵闹吸尘器，它就会停止撒尿。总之，剔除周围任何可能的困扰因素，用训练或小玩具代替，狗狗自然不会再吠叫、撕咬家具或是破坏房子等。

工具6：让狗狗适应

有些时候，我们不得不让狗狗接受它反感的人、动物或物体，像邮递员、邻居家的狗、除尘器，而你得努力让它去适应这些。如何让狗狗适应，可具体分为以下三种：

系统脱敏法：让狗狗慢慢接触它害怕的人、动物或物体，在一段时间内，持续让它反复看见、听到或是感觉到，让狗狗慢慢和他或它们多接触。比如，门铃刚开始时轻轻按，然后让声音越来越大。以此类推，刚开始让狗狗找一个令它舒适的距离接触其他动物或人，然后再不断地拉近距离。比如，狗狗对另一只狗吠叫，那么首先让其他狗狗保持在一定距离之外，这样狗狗就会不再过多注意其他狗狗，而是把更多注意力放在你身上了，然后慢慢让这两只狗狗越来越近，不断重复这个过程，直到第二只狗狗出现的时候，第一只狗狗不觉得是种威胁为止。脱敏法尤其适用于那些害怕爆竹、打雷和任何巨大响声的狗狗，以及对某些动作很敏感的狗狗，像人从椅子上迅速起身这类。

适应法：举个典型的例子：如果狗狗不喜欢门铃声，你就反复按门铃，直到它对这种声音感到厌倦，最后它就对门铃慢慢没什么感觉了。

满贯法：这个方法就是让狗狗不断看见、听到和感觉到那些令它不舒服的人、动物和物体。比如，要是它不愿意和其他人在一起，你就把它带到满是人的房间里。

以上这三种方法里，第三个方法最为微妙。

如果你实在不知道到底哪个方法才最适合它，就要去咨询一下训狗员，让他告诉像你的狗狗这种情况，到底该用哪种方法。因为你要是选错了的话，结果会变得更糟糕。而不论你做什么或选择了哪种方法，这里有个前提：你必须怀着怜悯之心，理解狗狗，巧妙地使用这些方法。

行为构建障碍

接下来，要是遇到狗狗的行为问题，这六大工具，你到底要选择哪一个使用呢？这里我提供个确定最佳方案的基本步骤。

A. 狗狗什么时候和在什么地方会吠叫？

听到门铃响了或有其他声音？

看见窗外的人或动物？

在门口？

我接电话的时候？

我在厨房？

狗狗在车里？

有人在旁边？

上午？下午？晚上？

其他？

B. 回顾影响狗狗最佳健康成长状态的九大因素，挑选最有利于改变狗狗问题行为的因素。以下例子是说明这九大因素中的任何不平衡都会影响到训练成果。

食物：狗狗因为饥饿而感觉压力大？它现在消化不良或食物过敏？

玩耍：它看起来疲倦而没有什么精神？

社会交往：它是否和其他狗狗、动物或人交流？它是否有机会去看见、听到、闻到或感受周围环境，它是否适应？

安静时间：它有没有机会远离所有打扰？它是否承受了过多压力？

运动：它是否有机会奔跑或是释放能量？它的肌肉是否结实？是否感到疼痛？

工作：它有没有工作？它是不是因为不知道该做什么而丧失信心？

休息：它是不是筋疲力尽？是不是想单独待会儿？

训练：因为没有告诉它该做什么，它是否感到迷茫？它是否出现了学习断层？你有没有无意中训练它的问题行为？

卫生保健：是否为狗狗检查过任何过敏或身体问题，如爪子上有刺、寄生虫、毛发打结、跳蚤或关节炎？狗狗会不会因年纪太大或太小而做不了你想要的？

C：设定目标，确定你想要狗狗做什么：

叫三声然后就停下来。

乖乖听指令吠叫。

只对背着巨大背包的人（有可能是窃贼）叫。

D：选择一种或更多训练方法来改变狗狗行为：

撤销奖赏，忽视不良行为。

根除行为发生原因。

以另一种行为代替。

变消极联系为积极联系。

依据指示做出行为。

让狗狗适应。

善用消极因素

你可能会问我：明明是本介绍积极训练法的书，为什么会谈到消极训练？其实，这与消极训练的定义有关。消极训练法既包括无害的有益方法，也包括一些极有害甚至虐待的方法。而不管是什么内容，消极法都已经成为训练过程中的一部分，因为对于狗狗来说，任何从本质上未达成的愿望或者欲望，都会成为让狗狗感到沮丧或是压力的消极因素。

记住，永远别对狗狗做一些你对自己的孩子或是爷爷奶奶不愿做的事。这里需要再次强调，消极训练绝不包括对狗狗踢打撞击、摇晃关押、逼它在地上滚来滚去或是拼命拖拽，更不用说更加极端或虐待的方法（也许你不敢相信，但有些人的确会这样做，他认为只有这样狗狗才会明白什么是对什么是错），像用水淹，提着项圈把狗狗拎起来，或掐它的耳朵。

那到底哪些消极因素才能用在积极训练过程中呢？为了阐述这个问题，让我们来看一个正面强化的实例。比如你正坐在沙发上看最喜爱的电视节目，看到狗狗静静躺了下来，这正是你想强化且鼓励它的行为，于是你起身去爱抚它，但它看到你起身，也马上起身。本来狗狗躺下来你想给它点奖赏的，但看它起身于是你背过脸不理它，这种忽视方法就成为了一种消极因素，因为狗狗想和你待一起，而你走开并忽视它也就成了一种消极因素。重复几次，很快它就会明白，躺下来待着不动你们才会更亲近，起来只会距离越来越远。

还有另一个实例——我的狗狗莫丽，每当它坐在车里等我回来时，一看到陌生人就会吠叫。为了改变这种行为，我请了一个对莫丽来说是陌生人的朋友来帮忙。我们一起走向我的车，一旦莫丽开始吠叫，我们俩就停下来往回走，它安静下来我们再往前走，它再叫我们就又往回走。现在它不知道该怎么办了，它很想陌生人走开，但却希望我靠近。等它不再叫，我们俩就会走上前，我还会表扬它，这就是对它的奖赏。一旦它又乱吠乱叫，我们就立刻走开。经过几次这样的重复，它慢慢就会明白：只要它安静下来就能得到奖赏，不然什么都没有。这样，以后它在车里等我的时候就不会再乱叫了。

当然你也可以使用其他消极因素，要是狗狗总是喜欢咀嚼皮带或什么东西，你就在上面放一些尝起来很糟糕的东西，比如李施德林或皮那卡漱口剂就很有效。还有其他产品也行，但是千万不要用有烧灼感的塔巴斯哥辣酱油或辣椒。但更好的方法其实是移走狗狗爱撕咬的东西，教它咀嚼正确的东西（找东西游戏），以此告诉它不适合它的东西不能乱碰乱咬。

打断和暂停

打断和暂停是我偶尔用于处理吠叫和跳跃的训练方法。拍手、吹口哨、清嗓子、发出啊啊声或是将书扔到地上，这些都能够打断狗狗的不当行为，例如它正从橱柜里偷食物。但是有一点，要是狗狗过于敏感，这时的打断就可能会导致创伤，所以一定要依据狗狗的敏感度选择合适的强度，这种强度可以引起狗狗的注意力而打断它的行为，但又不至于吓到它。

像我的一位76岁的客人，她对任何一种阻止和掌控狗狗的方法都掌握不到位。虽然我竭力帮助她，但她坚决不愿意把狗狗拴到屋子里，即使有时狗狗对她造成了不小的伤害。作为一个65公斤的成年人，她的拉布拉多狗狗不仅曾经弄倒过她，有一次她还摔断了胳膊。但不管我怎么帮她寻找合适的训练方法，她都掌握不了。鉴于这种情形，且她的狗又不是很敏感，我最后建议使用吹口哨作为打断工具来纠正狗狗行为问题。

我让这个老太太把口哨挂在前门口，只要进门就把口哨放嘴里，狗狗还没开始跳跃，就先吹响口哨打断它，让它乖乖躺在床上不要动。（也许你会奇怪我为什么不教老太太扔一些东西到地板上来转移狗狗的注意力，而是使用口哨，你问对了！事实上那个老太太年龄太大了，没有那么灵活的反应，根本就来不及在狗狗乱蹦乱跳之前扔东西。）

暂停是另一种训练方式，为了阻止狗狗某种不良行为，可以让它离开这种环境，把它关在门后面、狗窝里或是把它拴起来。这种方法一般用于阻止狗狗蹦跳、啃东西或是乱吠乱叫。

打个比方，如果你训练四个月大的哈巴狗阿克提斯，教它进行有克制地撕咬行为，你可以让它咀嚼合适的玩具，教它用舌头舔而不是撕咬，教它轻轻地拿起或放下。像阿克提斯这种幼犬，很可能会犯错误，也许会抓住你的手而不是你手里的玩具，你不免会"哇哦"一声，就等于告诉它你觉着这样是不合适的。

而相反，它不会就此后退，反倒更加兴奋，更加喜爱你的手。这时候，你就要立即发出暂停信号了，如轻声地说"嗯哦"或"太糟了"，接着把它关在围栏里或是把它拴在一个安全的地方，让它在那儿待上个三五分钟，直到它平静下来、放轻松。等时间到了，你就假装什么都没发生过，兴高采烈地把它放出来就可以了。

这样重复几次后，它就会慢慢明白：它要是贪吃的话就会和你暂时分开，而只要它放松、平静下来，就能获得自由和交流。像这种暂停方法，是用在要狗狗戒除某种特定行为时的，比如不要随便撕咬。不过，这个方法并不影响你表达对它的喜爱之情，要知道你只是在纠正它的行为，而不是在完全改变狗狗。你的态度很重要，因此千万不可以大叫："好了，你这只笨狗，这就是对你的惩罚！"你要做的是：时刻保持积极乐观，试着接受事实，从本质上说，其实你就是在和狗狗聊天："你这样做的话，就会导致这种结果。换换就会不一样哦！"要是方法用得好的话，狗狗自己就会自动乖乖暂停。像我，要是我的狗狗不听命令，或是行为超出我控制，我就会说"啊哦"，这样它就会自动灰溜溜地躲到车棚里或厨房里。

不管你用什么方法，包括打断法，首先你要考虑一下狗狗的身体和情感健康状况，要知道使用打断法的话会对狗狗产生不同的影响，你绝不能对狗狗造成任何精神上的伤害。打断法是消极训练法的实例，使用消极法的前提是：你必须有足够的耐心才能阻止狗狗特定行为的发生，这些方法需要你反复使用，但是使用频率要因狗狗而异。过量会对狗狗的身体或精神构成伤害，太少反而会增加这些不良行为的风险。总之，尽可能使用积极方法，这样即使你犯了个错误，狗狗也不会因此受到伤害，保持好积极、放松的心情，让你和你的狗狗都觉得这是一项有趣的游戏，以达到事半功倍的效果。

The Dog Whisperer

第三部分

训练课程：

新鲜有趣，
充满动力

第13章 着眼重点——请注意一致性

想让狗狗轻松学会各项本领吗？那就先了解一点犬科动物学习进程的科学原理吧，在运用时要注意一致性。一致性的意思是，和狗狗进行互动的所有人都必须使用相同的训练方法，以形成规律。我们对狗狗的某种行为越进行强化，狗狗的这种行为就越发习惯成自然，将来让狗狗重复这些行为就不难了。

本书介绍的积极训练方法包括两个基本要素，两者相辅相成。其中一个我把它称为诱导游戏，其原理是当狗狗在不用你发出指令的情况下也表现得很棒时，就要奖励它；第二个方法叫"有规划的训练课程"，其原理是让我们在狗狗顺利"完成要求"时给它奖励。这两者结合使用，才能让狗狗学得更快、更好、更有乐趣。

诱导游戏——奖励狗狗"自觉完成"的行为：诱导游戏有点像不做规划的训练。使用这个方法时，你先不作任何要求，等到狗狗自己做出某一动作后，表扬它、轻挠它耳后或者奖励给它好吃的，让狗狗知道它刚刚做的令你非常高兴。诱导游戏能加速学习进程，在总体训练中起码要占50%的分量。

有规划的训练课程——奖励狗狗"完成要求"的行为：训练的另一部分将采取更有规划的课程安排，最好是把一天分成好几个短时的训练期。诸如坐立、卧躺之类的基本动作，你可以通过一个简单的三步法进行训练。这个一旦掌握了，其他动作的训练也就会相对容易了。

学习起点

每一只狗狗都是独一无二的,因此必须判断出你的狗狗顺利完成任务的起点在哪里,这就是它的学习起点,也可以叫做起点。学习起点是由狗龄、训练史、个性特点、健康状况等诸多因素决定的,也需要因狗而异。

积累的成功经验越多,狗狗学得就越快。那如何决定是否开始某一动作的训练,以及何时加大训练难度呢?在狗狗力所能及处开始训练很重要,保持狗狗学下去的兴趣和积极性同样也很关键。你要时刻留意狗狗传达给你的讯息,当狗狗表示,"学会啦!真开心。咱们接下来做什么呢?"这时你就该进行某一动作的下一阶段训练了。

真正高明的训练师对何时提高难度、何时维持原进度都能做到心中有数,这样才能使训练内容新鲜有趣、充满动力,这可是狗狗非常期望的。这种判断力逐渐提高后,你可以凭直觉重新调整狗狗的训练计划。有时一个训练课程期间需做几次调整,又有时几个训练课程间都需要不断调整。得心应手后,你的训练技巧会大大提升,这样有助于你和狗狗组成更加密切的合作团队。

成功三角法则

本书围绕三个训练原则展开,我称之为成功三角法则(见图13.1):

环境:为狗狗的训练创造一个安全的环境。

积极联想:采用经典条件作用[①]让狗狗将它的生活经历和喜欢的事物

[①] 经典条件作用也被称作巴甫洛夫条件作用或者条件反射。是联想学习的一种形式,首先被伊凡·巴甫洛夫论证。——译者注

联系起来，比如它爱吃的食物和爱玩的游戏。

正面强化：采用操作性条件反射①，通过正面强化的方法让狗狗知道你希望它怎么做，直到狗狗意识到它的行为会引起一定后果。换句话说，也就是让狗狗明白自己的行为决定着能否使自己如愿以偿。

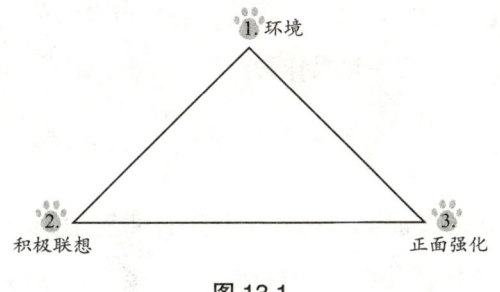

图 13.1

每次开始训练时，都要铭记此三角法则的第一条，才能让狗狗学有所成。换句话说，要在一个不受干扰的环境中进行训练，并抱有合理的期望值。你提出的动作要求不仅要在狗狗能力范围内，还要让它从心理上接受，这一点很重要。如果狗狗总是受到失败的打击，很可能会放弃尝试。反过来，可能你也倍觉沮丧、气恼不已，觉得狗狗怎么这么顽固、这么笨、这么懒。通过建立积极联想（三角法则第二点），寓教于乐，可教会狗狗你想让它做的动作（三角法则第三点）。

准备充分是关键——每次训练都要集中精力

每次训练开始前，花几分钟时间调整好自身状态。因为在无法集中注意力的情况下，你会把不确切的讯息传达给狗狗，让狗狗困惑。

一次性收紧全身肌肉，坚持三秒，然后让全身处于放松状态。双手握拳，面部肌肉先紧张后放松。

做一套完整呼吸练习。

---

① 操作性条件反射是斯金纳新行为主义学习理论的核心，说的是因外部刺激而矫正行为的过程。——译者注

默想接下来的训练中你想要狗狗完成的目标动作。闭上双眼，花 10 秒钟想象一下狗狗终于学会了各种动作的情景。

奖励

准备丰厚的食物奖励。对有些狗狗而言，再多的美食也比不上一件心爱的玩具。这种情况下应用玩具作为奖励，这和用食物作奖励是一样的。

"起始位置"

在进行大多数动作训练时，将双手置于"起始位置"，即胸口，不需要打手势的时候请保持这个双手紧贴胸口的姿势。这样做可以帮助狗狗集中注意力，更仔细地观察你的动作。这是因为狗狗具备口眼反射，即当你挥动双手时，狗狗会不由自主追随你的动作，并用嘴巴衔住移动的物体。这些指示可能听起来有点机械死板，其实只是建议而已。我们的用意在于提醒你少动、多专注。

响片的使用

你会在训练中注意到，成功的动作训练都遵循这样一个模式："按响片，夸一夸，给点心"。如果没有响片，可以用话语来表示你希望狗狗完成的动作。例如，狗狗每回完成规定的动作后，你可以说"真乖""真棒""做得对""很好"，狗狗就明白你的意思了。开始时，注意用语的前后一致，不要经常变换。

全面整合

训狗是一个流动的过程。狗狗的成功取决于它在某项训练动作上的学习起点。如果你教的是幼犬，或是从未接受任何训练、离群索居的年长狗，那么所有的动作都要从第一步开始。如果狗狗已经接受过一定的训练，对它相对熟悉的动作可以从第二步、第三步开始训练，对不熟悉的新动作则从第一步开始。

当狗狗十有八九已经掌握某项动作，就要准备对这项动作的训练进行升级，一步步逐渐增加难度，比如动作的持续时间延长、距离加大，还可以用声音（听觉）、抚摸（触觉）和动作（视觉）制造各种干扰。

下面的例子阐述了训练狗狗坐立的三个步骤。

准备：双手放在"起始位置"，紧贴胸口。

第一步：用狗点心（引诱）和手势进行动作训练。面对狗狗，将狗点心在它的脑袋上方移动，这样，表示"坐下"的手势就是把手从狗狗脑袋上方挥过。当你手中拿着引诱狗狗的食物在它头上方挥动时，它一定会抬头注视，自然而然地降低后半身，坐在地上。按响片，夸一夸，给点心，这个过程重复十至十五次左右。你可以一天安排几次训练，也可以连着几天进行同样的训练，直到狗狗达到80%的成功率，即十次中有八次会听你命令坐下（大多数狗狗通过一次训练就能学会坐立）。然后，你就可以进入第二步了。

动作养成的3个简单步骤

热身环节

确认周围环境无干扰。

保持积极状态，记得呼吸放松！

准备好响片（如果你正在用的话），准备丰厚的奖励物品。

1. 掌握动作

鼓励狗狗并吸引它的注意力，可以发出"切切"声、吹口哨、叫它的名字、拍手、轻拍它等等。教新动作时需要总是用食物做引诱。

使用手势。先从动作的简单部分开始，逐步强化所学动作。每次训练课程期间把动作重复十至十五次。

增大距离：如果你有八成把握狗狗在不用食物引诱的情况下也能完成动作，一只手拿狗点心，另一只空手给出手势，响片咔一声后，表扬狗狗的动作，并用拿食物的那只手奖励狗狗。

2. 手势和话语结合

当你有八成把握狗狗会在你给出手势后坐下，训练时说出"坐"这个词，然后立刻做出手势。

3. 单独使用口令

每次训练增加一点动作难度（持续时间、人狗间距、干扰项目），提出新要求前带狗狗复习曾经掌握的动作（必要时可以使用食物引诱），每次都要给予狗狗奖励。当动作的成功率达到80%后，要求狗狗连着做两到三次同样的动作，再给予奖励。最后进入到间断性的奖励，时不时给狗狗一次奖励，让它不知道下一次奖励是什么时候。

训练过程中，要选用多种多样的奖励（火鸡、奶酪、冻肝片等等）。慢慢地过渡到只奖励完成得最好的动作，比如速度最快的。最终，一个动作会变成另一个动作的奖励，这就是行为链的形成。同时要记得使用"自由奖励"，比如带狗狗兜风、玩飞盘游戏以及其他室内或户外活动等。

第二步：话语和手势结合使用。手拿点心从狗狗头上挥过时，说出"坐"这个词。按响片，夸一夸，给点心。狗狗十次有八次能顺利完成动作后，换一只手拿点心，用空手做手势，重复上一过程。这样做是为了保证狗狗能看懂手势，而不是仅仅受食物诱惑。成功几率达到80%后，进入第三步。

第三步：只说口令，不做手势。双手放置胸口起始位置，说出"坐"这个词，不要用手势。按响片，夸一夸，给点心。在狗狗掌握动作的初级阶段后，逐渐增加难度，引导狗狗进入中级阶段和高级阶段。达到高级阶段后，狗狗 90% 会对你发出的指令作出回应，不论何时何地。大多数人的训练不会以高级阶段为目标，不过训练程度取决于你自己的选择。

从延长动作时间开始，分次引入新的变量。如果你要狗狗坐立的时间再久一点，就不能同时对距离作新的要求，因此不要立刻走开。时长是一回事，距离又是另一回事。如果你正在训练的狗狗在你走开后还能保持坐立状态，就不要延长坐立时间。

行为链的形成也是如此，比如训练狗狗从冰箱里取汽水，需在无外界干扰的环境中依次教授每一个环节的动作。一个小把戏由一套完整的系列动作组成，每个动作都要经过不断练习，并通过添加各种干扰形式更好地结合起来，如延长或缩短动作持续时间或增加人狗距离。

训练过程中，动作持续时间长短、动作发生时人狗间距大小以及狗狗对抗各种干扰的能力都可以改变，但不论提出什么样的新要求，一定要一个一个来。狗狗做好准备迎接挑战的时候，你才能提升难度。如果狗狗对训练提不起劲，可能是当前进度太慢了，训练等级有待提高。

请牢记狗狗是有学习曲线的。它们和我们一样，都有状态好和状态差的时候，也需要时间吸收学过的东西。应从狗狗的学习起点出发开始每天的训练，不断积累成功经验。下面是给训狗人的几条金科玉律：

1. 如果狗狗做不了当前你教它的动作，直接返回它成功掌握的上一步动作。

2. 训练背景（场景）变换时，要从头开始教动作，即每个动作从第一步练起。

3. 如果狗狗的表现和你的指令大相径庭，说明进度过快，要求过高。从简单动作重新练起，增加狗狗的成功次数，然后再提高难度。

训练量怎么定？

一次有效的训练不需要太长时间——30 秒或 60 秒的时间内就能完成

很多。诸如"坐立"等单一的动作可以重复五到十次，也可以重复动作组合，比如"坐立"、"待在原地"和"过来"的动作分别重复十次。一天中进行多次长达五分钟的短时训练，比一两次 20 到 30 分钟的长时训练效果要好得多。

根据训练计划安排，你可能会发现在一天的训练中，不同的训练环节包含三到四个动作。这样的话，先从这三到四个动作开始练起，在时间允许的范围内逐步增加动作数量。随着训练的进行，对已经教过的动作不断加大难度，同时增加新动作的训练。要使训练轻松易懂，同时保持趣味性。

解决疑难

针对训练中可能会遇到的问题，我给出以下一些建议：

- 控制训练的时长。一天中穿插几次一至三分钟的训练环节比一次或两次二三十分钟的训练要更有效。
- 如果狗狗无法应对当前所学动作，转而用近似的简单形式代替。例如，训练一只幼犬坐下时，按下响片后，狗狗做出往下的动作，但没有完全坐到地上，即屁股离地面还有些距离，仍然要给它奖励。当下次离地面又近一点时，继续给它奖励。不断地奖励狗狗，把最大的奖励留在动作最终完成时，也就是狗狗终于完全坐到地上时。
- 采用诱导游戏。每天不论什么时候当你恰好发现狗狗做出你心仪的动作时，通过夸奖和食物奖励把这个动作"抓住"。
- 带狗狗去兽医那儿做定期检查，确保狗狗没有因身体疾病而导致无法完成所学动作。
- 不要期望过高。没必要让狗狗在一次训练中就掌握动作，要顺其自然。

- 如果你想确保动作的可靠性，不要一直重复一个动作的口令。只说一次，然后等待。如果狗狗弄不明白，回到它能成功掌握的阶段。
- 寓教于乐。如果狗狗闷闷地呆站着，想办法让它高兴起来！手舞足蹈，模仿各种声音，如亲吻声或嚎叫。假装吃东西，用夸张的声音说"哇哦，我这儿有好东西吃！"或者突然趴在地上，假装发现什么好玩的东西。用网球或是其他狗狗心爱的玩具激发它的兴趣。

第 14 章　动作教学

本章将介绍一些基本动作的训练方法。每个动作按照相同的阶段划分进行，从初级阶段到高级阶段。在初级阶段，动作教学分为三个步骤。当狗狗学会了初级阶段的基本动作后，就无需采用三步法了。到时将通过"3D"方式增大动作难度：干扰，距离，持久度。

训练过程中，注意调整狗狗的饮食，不要和食物奖励起冲突。狗狗突破 80 分大关时，即十次有八次在你下令三秒内作出正确反应时，你就知道该进行下一阶段训练了。

诱导游戏

积极的训练方式完全取决于注意力。狗狗通过它的行为吸引你的注意力，而你要做的就是让它知道哪些动作或行为能达到这个效果。有两种方法：诱导游戏和训练课程。诱导游戏，又称磁铁游戏，顾名思义，就是说狗狗自发的动作像一块磁铁一样，吸引了你的注意，随之而来的还有爱抚和奖励。其实这种方法相当简单，你只需要在碰巧狗狗做出你想要的动作时给它奖励。比方说，你正在看电视、洗碗或在电脑前工作，恰好你看见狗狗躺在它的床上。你并没要求它躺下，而它这么做了，所以你给它食物作为奖励。

建议 50% 的训练都使用诱导游戏，既简单又非常管用。基本上，诱导游戏是让狗狗通过适当的行为得到赢取奖励的机会。

另一方面，狗狗也将学会，如果你不接受它的行为，它就得不到你的注意。换句话说，"磁力吸引"被打断了。例如，狗狗跳到你身上时，你转身离开，它最终会知道这个动作不能引起你的关注。

诱导游戏步骤如下：

把狗狗拴到沙发角或门处等开阔的地方，在你能看管到的范围内。千万不能把它单独拴在那儿就不管了。

无论何时当狗狗做出你想要予以强化的动作，比如坐立或躺下，它就成了吸引你注意的磁铁。这时你可以：（1）扔点心作为奖励；（2）夸奖它；（3）走过去给它爱抚；（4）以上结合起来作为三重奖励。

如果它不再坐着或躺着，即刻收回视线，停止关注（这时的它不再是具有吸引力的磁铁）。比方说，你看见狗狗坐下了，而这正是你想要的动作，于是你走过去爱抚它。狗狗看见你来了，随即站了起来。而坐着才是符合你要求的动作，狗狗一站起来，这种磁力吸引就打断了。你要立刻转身朝别的方向走去。当狗狗重新坐下时，磁力吸引又回来了，于是你再次走向它。

看电视、讲电话、吃晚饭或是办公时，都可以做这个练习，这是我们在群体训练时经常用到的。只要狗狗保持坐立或躺卧的状态，训练师就陪伴在它身边。一旦这个动作停下，训练师就会走开。狗狗学起来非常快，这对整个训练过程都很有帮助。

诱导游戏中，你不要提出要求，而是等待狗狗自己明白你的所想。图14.1中的中国冠毛犬，名为"Orbit"，正由于站在床上而被忽视。

在图14.2中，"Orbit"没经主人要求自己躺下，它马上就得到了夸奖、点心和爱抚等奖励。

集中注意力

狗狗不能做到你要求的动作的很大一部分原因在于缺乏对你的注意。

图 14.1

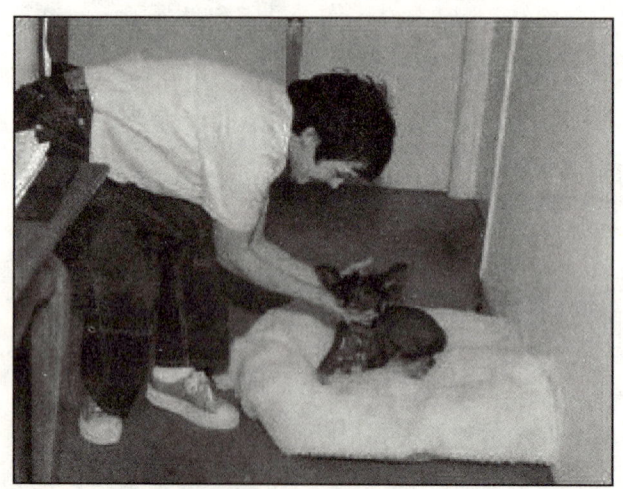

图 14.2

诱导狗狗的第一步就是得到它的注意。本书的宗旨主要在于和狗狗相互沟通，建立一种联系的纽带。这种纽带一旦形成，你和狗狗会同时关注对方的一举一动。

你将通过一些日常行为无意中激发狗狗的兴趣，吸引它的注意力，比如打开装狗食的袋子、外出时开门、捡起栓绳、穿上外套等等。无需特意训练，你已经建立了一套"注意"的行为模式，仿佛狗狗脑袋里有一个开关，你开启这个开关，狗狗就知道有好事发生，会满怀期待地看向你。

你也可以用口令的形式表达，比如"注意了"或"看这儿"。如用口令引起狗狗的注意，请遵循以下步骤：

准备：在无干扰的环境中进行训练。将双手置于"起始位置"，即贴近胸口位置。

第一步：用食物（引诱）和手势引导动作。手拿点心，放在狗狗鼻子前。接着将手移到眼前，动作流畅。这个把手从狗狗鼻子前移到你眼前的手势就代表"注意和集中精神"。当狗狗的视线跟随你手的动作而移动时，按下响片，同时松手让点心下落作为奖励。以上重复五至十次。当狗狗达到80%的目标，即十次有八次它会跟着手的动作看向你的眼睛时，进入第二步。

第二步：手势和话语结合。在做出手势后（手从狗狗鼻子前流畅地移动到自己眼前），紧接着说出"看""注意"等词。当狗狗的视线随着手势动作移到你的脸上，按下响片，同时松手让点心下落作为奖励。以上重复五至十次。当你有八成把握狗狗会跟着你的手势，可以换一只手拿点心（这是为了保证狗狗按指令行动，而不是单纯为食物所"贿赂"。食物可作为奖励，但不是"贿赂"）。将空手放在狗狗鼻子前，重复上述步骤，并在移动手时使用相同的指令词，比如"看"。按下响片，用另一只手给出点心奖励。以上重复五至十次。当你有八成把握狗狗能听懂口令时，进入第三步。

第三步：只说口令，不做手势。双手置于胸前，说出"看"或"注意"等词，不要用手势表示。如果狗狗看向你的脸，按下响片并给点心奖励。

提示

- 你可以把点心含在嘴里再松开，帮助狗狗在没有手势的辅助时理解口令。对狗狗说"看"，当它看向你时，松开口让点心下落。这样能让它把注意力集中在你的脸上，因为你的脸是它获得奖励的来源！

🦴 面对狗狗。将点心拿在手中，手臂在一侧伸直，与地面垂直，狗狗会盯着你的手看。等待 45 秒的时间，狗狗可能会不再盯着拿点心的手看，转而看向你的眼。这时，要立刻夸奖狗狗并奖励它。重复五至十次。狗狗明白你的用意后，会在你伸出手时立刻看向你，然后你再加上口令，如"注意"。

坐，卧，站

如果你的狗狗在之前的训练中已经学会坐、躺、站这三个动作，可以立即进入动作的中级阶段或高级阶段。在学习起点部分已经提过，要判断出狗狗在什么阶段能够顺利完成动作，并在此基础上进行训练。记住，不要让狗狗产生厌烦感。

坐——初级阶段

准备：在无外界干扰的环境中开始训练。用拇指和食指夹住点心，用另一只手拿响片，双手置于起始位置，即胸前。

第一步：用食物（引诱）和手势引导动作。手持点心置于狗狗鼻子上方两英寸左右，手在狗狗头上移动，表示"坐"的命令。移动范围不要超过它的头顶后面。这样做是为了让狗狗抬头看你的手。狗狗朝上看时，会自然往地上坐（见图 14.3）。如果手移得过远，狗狗会向后退；移得过高，狗狗会跳起来去咬点心（见图 14.4）；移得过低，狗狗就只顾一个劲地舔你的手。要时时给它打气，对它说"真乖""你最棒了""做得好"，也可以自选一些其他的鼓励话语，用友好而不张扬的声调说出来。看到狗狗屁股触到地面后，立即按下响片、夸奖并给点心作为奖励。每次训练中重复上述步骤十至十五次。多数狗狗通过一次训练环节就能学会。如有需要，每天训练几次，或是接连训练几天，直到达到 80% 的成功率，即十次有八次能够完成动作，就可以进入第二步了。

图 14.3

图 14.4

第二步：手势和话语结合。一手拇指和食指夹住点心，另一手拿响片，双手置于胸前起始位置。说出"坐下"之后立刻做出手势，将手从狗狗头上移过。狗狗坐下后，按响片，夸一夸，给点心。以上流程重复十至十五次。当有八成把握狗狗能看懂你的手势，换一只手拿点心再做练习。这是为了保证狗狗根据手势行动，而不是仅受食物"贿赂"。双手置于胸前起始位置,说"坐下"后立刻用空着的那只手在狗狗鼻子前移过,按下响片,夸奖狗狗并用另一只拿点心的手奖励它。以上重复五至十次。成功率达到80%后,进入第三步。

教狗狗坐下时,一手拿点心,另一手拿响片,用拿点心的手在狗狗鼻子上方移动。狗狗屁股接触地面时,按响片,夸一夸,给点心。

如果狗狗从原来的位置跳起来,用"哎呀""糟了"等话语表示"取消奖励",让狗狗知道它现在的动作不是你想要的。

第三步:只说口令,不做手势。双手置于胸前,说"坐下"后,静静等待。记住用"45秒游戏",即如果在45秒内狗狗没有坐下,并显得很分心,重复第二步后再次尝试。如果狗狗在听到你声音后三秒内坐下(没有手势),说明它已经学会在特定的场景或情况下坐下这个动作了。通过自由奖励让这个动作成为狗狗日常生活的一部分。比如,进出门时、上下楼时、带它出狗舍之前,都可以下令让它坐下。上述例子中,你给狗狗的自由奖励就是陪它在一起,而不必使用食物奖励。

遇到问题了?

- 如果狗狗没有坐下,反而跳起来,用"哎呀""糟了"等话语表示"取消奖励",并很快把点心拿走。等狗狗四肢着地后,重新开始这一过程,手从它头上移过,并不断鼓励它。
- 如果狗狗暂时疑惑不清,用"近似动作"或动作的简单形式代替。比如,如果你训练一只幼犬坐下,当它第一次下蹲时,你可以按下响片并奖励它这个"近似动作"。当它下蹲的程度又多了一点时,再次按下响片并奖励它,以此类推。把最大最多的奖励留到最后,即狗狗能完全坐到地上时,给予重赏。
- 使用诱导游戏。全天中,一旦看到狗狗坐下,夸奖它并扔给它点心作为奖励。
- 定期带狗狗去看兽医,确保狗狗没有身体疾病,排除导致它无法完成动作的疾病和不适等原因。

注意：坐立动作的中级阶段和高级阶段教学同卧和站两个动作的对应阶段放在一起，它们的步骤基本相同。

卧——初级阶段

准备： 在少有干扰或无干扰的环境中开始训练。一手拿点心，另一手拿响片，双手置于胸前起始位置。

第一步： 用食物（引诱）和手势引导动作。开始时让狗狗坐下。想象一下，狗狗鼻子和你的手之间有一条无形的绳子，仿佛你可以拉着它的鼻子往地上牵。你的手从胸前移动到地面，这个手势就代表"躺下"（见图14.5）。说一些鼓励狗狗的话，狗狗卧下时，按响片，夸一夸，给点心。以上重复五至十次。达到八成的成功率后，可以进入第二步。

图14.5

教狗狗躺下时，先使用手势，同时要多多夸奖和奖励它。

第二步： 手势和话语结合。手拿点心放在狗狗鼻子下，然后径直移到地面。说出"下"这个词后，立刻给出手势。狗狗卧下时，按响片，夸一夸，给点心。以上重复五至十次。当有八成把握狗狗能看懂你的手势时，换一只手拿点心再做练习。这是为了保证狗狗按照手势行动，而不是仅仅为食物所惑。空手放在狗狗鼻子下，说出"下"后，很快把手移到地面。

按下响片,用另一只手给它点心奖励。重复以上五至十次。当狗狗达到八成的成功率后,进入第三步。

第三步:只说口令,不做手势。开始时让狗狗坐着,不要打手势,说出"下"这个词(双手在胸前)。接下来是 45 秒的等待时间,即使狗狗在此期间站起来,也要等完这 45 秒。狗狗没有如你所愿卧下的话,回到上一步,把第二步重复五次。一旦狗狗卧下,极力夸奖它,并给它最大奖励(见图 14.6)。

图 14.6

当狗狗听到你口令即刻卧下的几率达到八成后,将手举过头顶,增加狗狗接受信号的距离。

额外增加难度:

让狗狗以站姿而不是坐姿为起点卧下,并且只通过声音发出指令。教狗狗从卧倒的姿势中坐起来。想象狗狗鼻子和你的手之间有一条无形的绳子,手拿点心,并缓慢向上移动。按下响片并给奖励。接着进行"坐——卧"练习:坐起、卧下,坐起、卧下。按响片,夸一夸,给点心。

遇到问题了？

那就先用卧下的近似动作或简单形式代替。例如，如果你正训练一只幼犬卧下，当它第一次表现出卧的近似动作即把头低下几厘米时，按下响片并给奖励。当狗狗把头再往下低一点并伸出一只爪子时，再次按下响片，给它奖励。以此类推，当狗狗完全卧倒时，给它最终的奖励。如果狗狗从坐姿中站起来，把原本奖励它的点心快速拿走，说"哎呀"等表示取消奖励的话，然后从头再来。不过把进度放慢一点儿，以增加狗狗成功的机会。

- 不要把手直接放在狗狗面前，放偏一点，于是它为了吃到点心就要转动身体和头。这有时可以促进训练过程。
- 在光滑的地板上练习，这样一来，由于地板很滑，狗狗会不由自主地滑倒，形成卧的姿势。
- 不要抱有过高期望。狗狗没必要一次就学会，顺其自然就行了。
- 不要重复下口令。只说一次，然后等待。如果狗狗不能理解，回过头来，从它能顺利完成的阶段开始。
- 如果你看上去兴致勃勃又有趣，狗狗也会觉得训练充满乐趣。如果狗狗闷闷地呆站着，那就乐一乐吧！手舞足蹈起来，模仿亲吻声或嚎叫声。假装吃了什么好吃的，用夸张的声音说："嗯，看我在吃什么呀！"还可以趴在地上假装发现了好玩的东西。用网球或其他狗狗喜欢的玩具带动它的兴趣。
- 诱导游戏对卧倒这个动作能起到很大帮助。

站——初级阶段

让狗狗学会正确的站立姿势在看兽医时很重要，比如给狗狗擦洗爪子、整理毛发以及清洗身体时，都要求狗狗能好好站着。

准备：在干扰很少或无干扰的环境中开始训练。一手用食指和拇指夹住点心，另一手拿响片。双手放于胸前起始位置。

第一步：用食物（引诱）和手势引导动作。让狗狗面对你坐着，将拿点心的手从胸前直接移到狗狗鼻子前方一英寸处，手掌朝上。接着把手从狗狗跟前移开，手掌保持与地面平行，这个手势就代表"站"。当狗狗把屁股从地面抬起一点时，按响片，夸一夸，给点心。这个过程重复几次，每一次狗狗抬起的程度增加一点，就按下响片并给奖励。有些狗狗学得很快，不需要这个循序渐进的过程（每次增加一点）。重复十至十五次。成功率达到八成后，进入第二步。

第二步：手势和话语结合。一手用拇指和食指夹住点心，另一手拿响片，双手放在胸前起始位置。说出"站"后，立刻做手势，把手从狗狗鼻子前移走。狗狗站起来后，按响片，夸一夸，给点心。以上重复十至十五次。当你有八成把握狗狗能按照手势做出动作时，换一只手拿点心再做练习。这是为了保证狗狗能看懂指令，而不仅仅是为食物所惑。食物可以用作奖励，而不是"贿赂"。双手放在胸前起始位置，说出"站"后即刻将空手从狗狗鼻子前抽走。狗狗站起来后，按响片，夸一夸，并用另一只手给奖励。以上重复五至十次。成功率达八成后，进入第三步。

第三步：只说口令，不做手势。双手置于胸前起始位置，说出"站"后不做手势，等待45秒。若狗狗成功站起来，按下响片、夸他并重重地奖赏它。如果没有成功，回到第二步。

遇到问题了？

- 拿点心的手离狗狗鼻子的距离不要超过一英寸。
- 奖励逐步增多（循序渐进）。狗狗身体开始前倾时，给它奖励。以此类推，狗狗每前倾一点，每把屁股从地上抬起一点，都要给它奖励。
- 不要抱过高期望。没必要让狗狗一次就学会，顺其自然。
- 为了动作的可靠性，不要重复发口令。只说一次，然后等待。

你的态度对训练进程至关重要。如果你看上去兴致盎然，狗狗也会感到其乐无穷。所以如果狗狗感到厌烦了，想办法开心起来吧！

坐、卧、站——中级阶段

"坐""卧""站"这三个动作的教学步骤十分相似，因此下面给出的步骤同时适用于这三个动作。你既可以在同一训练环节中教多种动作，也可以分开单独训练。

狗狗成功学会了一种动作，不代表其他动作都会。例如，可能坐下这个动作它掌握得非常好，但卧或站却完成得不是很出色。记住，每个动作的训练都要从起点处开始，不要用能力范围之外的动作强求它。每个动作都是逐步一点一点完成的。

增加动作保持时间，也可以称为"不动"。在中级阶段要提高动作难度，即让狗狗保持动作状态的时间增长（"3D"：持久、距离、干扰）。有的训练师不教这一项，他们教会了狗狗某项动作后，自然而然地期望狗狗能保持这一姿势，直到被告知可以放松了。理论上来讲，这是行得通的。但是我发现大部分人在狗狗完成动作后都忘记告诉狗狗什么时候该停，于是狗狗只得自己放松。不动这一项没有列成单独的环节，因为当你在教动作的高级阶段时会增大难度，让狗狗坐、卧或站得更久一点，从本质上说，这就是在教如何保持原状。

注意：每一个动作都要有始有终。如果你让狗狗保持一个姿势不动，一定要记得给狗狗发出信号，让它知道什么时候可以放松了，即"终止"这个动作。要是你忘了这么做，狗狗最终会自己从这个姿势中放松，造成动作保持的不可靠性。我一般使用"好了"这个词作为终止动作的信号。不过有些训练师认为"好了"在日常会话中太常用了，狗狗很可能一听到这个词就把它当成放松的信号，从而停止动作。所以，你也可以使用其他喜欢的词作为终止动作的信号，比如"对了""这就行了""谢谢你""你可以走了"等等。

准备：一手拿点心，另一手拿响片，双手放在胸前起始位置。面对狗狗，站在一尺开外。

让狗狗坐下、卧倒或站立后，说"不动"，并将手掌朝向狗狗。默念3个数，如果狗狗保持不动，按响片，夸一夸，给点心。

再次下令让狗狗不动，这一次默念6个数。如果狗狗保持不动，按响片，夸一夸，给点心。每次狗狗成功保持不动后，按照每五秒一个进度增加时长，直到狗狗能够保持到三分钟为止。这个过程需要一个星期到一个月不等。如果狗狗在某一规定的时长内不能保持不动状态，回到上一个它能成功做到的阶段重新开始。

增加口令有效距离

目的：站在远处发出指令时狗狗也能根据指令做出相应动作。坐、卧、站这三个动作的步骤一样。开始时，让狗狗处于某一姿势，从狗狗跟前每往后退1英尺，就下令换一个动作。例如，先要狗狗站着，往后走两步，再让它卧倒。下面将教你如何在"坐"这个动作上增加口令的有效距离，"卧倒"和"站立"遵循同样的方法。

面对狗狗，站在1英尺开外。下令让狗狗卧倒，说"不动"。然后向后退2英尺，下口令让狗狗"坐起"，不要用手势。按响片，夸一夸，给点心，然后回到原处。

继续增加你和狗狗之间的距离，每次成功后，再加1英尺，直到狗狗在20英尺远处也能听令坐起。

用相同的方法增加"卧下"和"站立"的口令有效距离。例如，如果你教的动作是卧下，就先让狗狗处于站姿或坐姿；如果你教的动作是站立，就先让狗狗处于坐姿或卧姿。

提示：如果狗狗暂时不明白，就在说口令时加上手势。

增加干扰

我把这项练习称之为"顺时针走"。这项练习旨在让狗狗做好准备，面对外面人来人往、人群从四面八方涌来的真实世界。狗狗对在其身后走动的事物非常敏感，"顺时针走"可以帮助狗狗克服对突发事物的敏感度。

1. 让狗狗在你面前坐下、卧倒或站立。想象狗狗在时钟的中心位置，前方是 12 点，左面是 3 点，狗狗后方则是 6 点，右面是 9 点。下令让狗狗不动，然后走到"1 点钟"的位置，再回到"12 点"处。按响片，夸一夸，给点心。以上重复三至五次。成功后进入第二步。

2. 说"不动"后，走到"2 点钟"位置再返回。按响片，夸一夸，给点心。每次增加"1 点钟"，直到你能绕着狗狗走一圈。每次走完后回到初始位置，按响片，夸一夸，给点心。这个过程要根据狗狗自己的进度来。整圈走下来后，给狗狗一个最后的大奖，即一次性给四到五个点心，并告诉它它有多棒。控制每次训练的时间，不要太长。

3. 当狗狗能在你绕着它走一圈的过程中保持坐姿、卧姿或站姿不动，继续提高难度：

- 让狗狗坐下后，绕着它快步走。如果狗狗能成功保持不动，按响片，夸一夸，给点心。
- 当狗狗在你快步走时也能保持不动，将走换成慢跑。成功后，按响片，夸一夸，给点心。
- 把难度再提高一点，跑步时边挥动双手，边大声叫喊制造噪音。

遇到问题了？

- 你按照顺（逆）时针方向绕着狗狗跑一圈时，它能成功保持不动，但换个方向就不一定行了。如果狗狗在你跑的过程中站了起来，那么回到它顺利完成的上一阶段重新开始，并逐步增加干扰。
- 如果狗狗无法专心，用"啊哦""哎呀""不行哦"等声音把它从开小差的状态中拉回来，并通过在它面前挥手（必要时，手里可拿点心）等方式让它的注意力重新集中在你身上。

- 如果你一开始跑，狗狗就乱动，请一位朋友站到你身边。你们俩同时站在狗狗对面，然后你手捧一大把点心给狗狗舔食，你的朋友则绕着狗狗跑动。人的移动让狗狗害怕，而现在这种令它不安的因素和它爱吃的点心同时出现，就形成了一种对抗性条件作用。人在周围移动和得到食物之间形成了一种联系，渐渐地，狗狗对此就不再反感。
- 如果狗狗喜欢待在自己的床上，可以在它床上训练"不动"。
- 训练地点的选择和安全感有关，所以尽量在狗狗感到最舒适自在的房间里训练。
- 用正常步速，不要故意放慢脚步。很多人在做这个练习时都走得很慢，反而会让狗狗以为在玩什么游戏，引得它站起来。

"自动"坐、卧

自动坐（卧）意思是狗狗在你停下时会自己坐下（卧倒）并保持不动，直到你示意它可以了。本质上，你停下脚步这个动作本身成了表示"坐（卧）"和"不动"的信号。散步时，狗狗可能会忍不住跳到路上遇到的其他人或狗身上，这时候这一招就很管用了。

在无干扰的环境中开始训练，比如后院。和狗狗并排走，走上五到十步左右，停下。每次停下后，命令狗狗坐下或卧倒，既可使用口令，也可使用手势，或者二者结合也行。每一次狗狗成功后，按响片，夸一夸，给点心。以上重复三至五次。

当狗狗听你口令坐下的成功率达到八成时，下一回什么也不说，直接向前走几步然后停下，看狗狗能否明白你的意思。给它45秒的反应时间。当狗狗在没有口令的情况下也能坐下时，给它最后的大奖励。重复几次练习，一天的训练就算结束了（见图14.7）。

"自动"行为可以教会狗狗在没得到允许的情况下不要擅自越界，比如路边或院子外面。走到路边，下令让狗狗坐下，并给它奖励。不要走

图 14.7

进街道，返回到原地，再做一次练习。以上重复三次。第四次时，走到路边停下，不要说口令，等狗狗自己反应。如果狗狗坐下了，给它一个重重的奖励，然后说"好了"，再继续前进穿过街道（如果狗狗没有坐下，回到它成功的上一阶段重新开始）。

自动坐下：每次停下脚步时，下令让狗狗在你身边坐下，直到它能主动坐下。

坐，卧，站——高级阶段

在高级阶段，你将继续在持久、距离和干扰三个方面入手加大动作难度，让狗狗最终能够随时随地根据你的指令坐下、卧倒或站立。要逐步使狗狗摆脱对食物奖励形式的依赖，多多使用自由奖励，比如带它出去散步、兜风，和它玩扔球或飞盘游戏，对路上的行人和其他狗狗打招呼，把它带到消防栓处，让它嗅个够，和它玩"找东西"的游戏等等。采用间歇性奖励模式，即每隔一次、每隔三次、五次奖励一回。

现在你对训练步骤已经有所了解，每次新增一个难度级别就要遵循相同的步骤，并在有助于狗狗成功的适宜环境中训练，逐步晋级以达到动作的高级阶段。如果狗狗还没做好准备，过早要求它进入高级阶段会严重妨碍训练进程，还可能会吓着狗狗。

增加动作保持时间

初级阶段，狗狗保持坐姿、卧姿、站姿的时间为三分钟。进入高级阶段后，这个时间增至十分钟，使用的方法和之前一样。与此同时，引进新的挑战，如加大你和狗狗之间的距离，制造更多干扰。注意：在公共场所时，一定要拴住狗狗，并保证它在你的视线范围之内活动。

增加口令有效距离

初级阶段达到的距离标准是20英尺。进入高级阶段后，从20英尺逐渐增加，直到狗狗能在100英尺外听你的指令坐下、卧倒或站立。此外，高级阶段不仅对距离提出新的要求，还通过加大干扰强度和持续时间考验狗狗的能力。高级阶段的最终目的是让狗狗接受这样一个概念，即就算你本人不在房间内，它也会按照你说的做。这是狗狗拥有可靠度的关键点。通过以下练习达到高级阶段：

1. 下令让狗狗站着并保持不动，离开房间。
2. 站在房外，分别对狗狗发出下面列出的口令，然后再次进入房间检查狗狗是否成功。如果成功，按响片，夸一夸，给点心。接下来，让狗狗保持刚才的姿势，离开房间，发出下一条口令，以此类推。每次发完口令后，都要回到房间，对狗狗的成功进行奖励。

- 让狗狗从坐姿变为站姿。
- 让狗狗从站姿变为坐姿。
- 让狗狗从卧姿变为站姿。
- 让狗狗从站姿变为卧姿。
- 让狗狗走到自己床上。

🦴 让狗狗走到你身边。

3. 把第二步里给出的动作连起来全部做一遍后，再回到房间给狗狗奖励。怎样才能知道狗狗完成的情况呢？这里有一个小窍门：在墙上或门框处安一面镜子，方便观察。

增加干扰

增加干扰项这个练习的目的是，不论干扰源离得多近、干扰程度多强，狗狗的专注力都不会受到影响，在身边有人、动物、物体移动或经过时，仍能保持坐姿、卧姿或站姿不动。如果你的朋友在 1 英尺开外边跑边喊，同时挥动双臂，狗狗还能听你口令，那么你已经快大功告成了。大脑神经通路一旦打通后，你可以选一位狗狗不认识的人代替朋友的位子，把整个过程重复一遍。选三个不同的地点分别和三个陌生人做同样的练习后，狗狗应该能触类旁通，即使换不同的人接近，也不会影响它的表现。给狗狗介绍新认识的人时不需要重复上面的步骤，但是带狗狗去见其他不认识的狗时，则需要重复以上步骤。

人来人往

让你的朋友站在至少 20 英尺开外，然后径直向你的方向走来，经过狗狗旁边。注意保持正常步速，不要和狗狗对视。

在朋友开始走的时候，下令让狗狗坐下、卧倒或站立。按响片，夸一夸，给点心，训练结束，朋友可停止走动。重复该练习三至五次，成功后进入下一步。

让朋友逐渐增加走动速度，从匀速走到慢跑，再到快跑，并挥动双手、大声呼喊。当朋友开始跑时，下令让狗狗坐下、卧倒或站立。每次朋友的动作幅度加大，就表示训练又提高一个层次。狗狗成功后，按响片，夸一夸，给点心。如果狗狗不适应当前的速度和干扰程度，回到它能成功应对的阶段。

现在开始减少狗狗和你朋友之间的距离。朋友从走开始，到慢跑再到快跑，干扰强度逐渐增加。一开始，让朋友站在 19 英尺开外，然后每次减少 1 英尺，逐渐缩短和狗狗间的距离。每次减少距离时，都要以走路为开始，以同样的距离重复训练三至五次。

注意

- 狗狗出现困难时可遵循这样一条金科玉律，即回到它能成功应对的上一阶段重新开始。
- 如果你的狗狗过于敏感，先放下训练，参考后面章节的应对运动敏感的方法。

额外干扰

增加新干扰项时使用上述方法，一步一步来。在狗狗坐下、卧倒或站立时，让它把注意力集中在你身上，并按照下面列出的干扰项一一进行训练，越多越好。以不同的形式发出指令，先只用手势，然后换成只用口令。

- 怀抱婴儿的人。
- 拄拐杖的人。
- 带伞的人，把关着的伞打开，然后转伞。
- 踩滑板的人。
- 带狗的人。
- 拍篮球的人。
- 向空中扔飞盘或网球的人。

当狗狗能够抵御视觉干扰的成功率达到 80% 后，开始从听觉干扰入手，让狗狗在各种杂音的环境中坐下、卧倒或站立。训练的地点可设在兽医办公室、亲戚邻居家、宠物商店内以及狂欢会上。一定要注意，不能强狗所难，否则会吓着狗狗。针对每个特定的声音干扰，逐步加大强度。记住：如果狗狗不能完成要求，回到它能完成的上一阶段。

- 突然发出很大的响声，比如罐子的敲击声、椅子倒地声、口哨声。
- 人的叫声和争论声。
- 交通工具的噪音，比如摩托车。
- 吸尘器声。先关上开关保持静止，再移动吸尘器，然后开启开关保持静止，最后在开的状态下移动吸尘器。

捉迷藏游戏

游戏前提：狗狗达到坐及坐姿不动、卧及卧姿不动的中级阶段。

这个游戏通过轻松有趣的方式将几种不同的动作结合起来，是提高狗狗保持姿势可靠度的最好方法之一。由于大多数狗狗都能很快掌握，因此之前的三步法在这里并不适用。

捉迷藏——初级阶段

下令让狗狗坐下或卧倒并保持这个姿势不动，然后跑到椅子后面藏起来。过一秒后，伸出头来说"皮克布！[①]"，再把头藏起来。狗狗找到你后，使劲夸它是多么聪明。

捉迷藏——中级阶段

逐渐加大游戏难度，让狗狗"待"的时间更久，让藏的地方更不好找，比如藏进卧室的衣柜里。一开始可以把门打开几英寸，使游戏容易点儿。其他人也参与进来，大声说："快快找！在哪里？"然后小心地跳到衣橱

---

① 在捉迷藏的游戏中，常把脸藏起来，然后又跑出去说"皮克布"，以此逗孩子玩。

上。为了增加难度,藏身的地点可以选得越来越偏,还可以制造干扰。

找东西

这个练习非常好,对狗狗的情绪、心智和体能皆有促进作用。

找东西——初级阶段

练习找东西时,你已经知道狗狗会找到预先放好的食物。第一步和第二步放在一起,因为你已有八成把握狗狗会成功。

准备:双手放置"起始位置",即紧贴胸前。开始之前,狗狗或坐、或卧、或站。

第一步和第二步:引导动作,手势和话语结合。在狗狗面前的地板上放一个丰厚的大奖,比如一块火鸡肉,然后对狗狗说"找到它"。你的手放下后又回到胸前就变成了找东西的手势。这个过程重复几次,渐渐把奖励放远,但仍在视线范围内。注意:第三步,即只说口令不用手势,在中级阶段才会用到,到时会把找东西和保持不动这两个动作相结合。

找东西——初中级阶段

把食物藏在桌腿、凳腿或脚凳后面,然后说"找到它"。当着狗狗的面让它看到你放东西的动作,但不要让它看到东西的位置。狗狗可能会看看你,以为你在开玩笑,也许要过几秒才能弄懂,现在它要靠鼻子的嗅觉而不是眼睛去找到奖励。给它45秒的反应时间。当它终于找到食物并吃光后,一个劲地夸它,说它是一只多么聪明的狗。现在跑到房间另一边,狗狗一朝你看,再次当它的面藏下食物。继续在房间的各个角落藏食物然后让狗狗找,玩12次左右。这个找食物的游戏可以玩上一周,选择不同的地点让狗狗找出来。

找东西——中级阶段

在中级阶段，你可以通过组合不同的动作形成所谓的行为链来提高狗狗的可靠度。比如，你下令让狗狗先坐下，再卧倒，然后保持不动；接着你离开房间，再返回房间；最后，在行为链的末端，奖励狗狗。行为链的形成可以帮助狗狗戒掉对食物奖励的依赖性，同时提高保持不动这个行为的可靠度。

1. 让狗狗坐下，再卧倒并保持卧姿；走出狗狗待的房间，把食物藏在另外一间房里；回到狗狗身边说"找到它"。不必给狗狗看你把食物藏哪儿了，因为在这一阶段只要下达口令狗狗就会知道你的用意。每次成功后继续加大练习难度，在更多的地方藏更多的食物，让狗狗用更多的时间去找。

狗狗暂时还不明白"找东西"意味着要在不熟悉的地方找到食物，所以你要把食物藏于它在初中级阶段已经见过的相同位置。

2. 形成更高级别的行为链。让狗狗回到它的床上，坐下、卧倒，然后保持不动，走进另一房间藏食物。返回狗狗身边，先不要说"找到它"，说"过来"，让狗狗碰到你的手，然后再说"找到它"，让狗狗寻找食物。

一周或两周内，狗狗会明白"找到它"意味着在什么地方总能找到食物，这时你可以把食物藏在之前它从没找过的地方。让狗狗回到床上，下令让它坐下、卧倒，然后保持不动。去另一房间里，把一块非常美味的食物藏在狗狗不熟悉的位置。回到狗狗旁边，让它去找。一开始它会积极地在平时熟知的地方找个不停，发现什么也找不到后，他可能会停下来看你。你要再说一次"找到它"，走到掩藏食物的位置。狗狗会嗅到食物的味道，然后，快瞧，觅食之旅圆满结束！

提示

你还可以使用填充点心的橡胶玩具或是耐嚼的牛肉棒作为找到的奖

励。接下来的 20 分钟内，当狗狗正忙着寻找它的奖励时，你可以悠闲地冲个澡或吃早饭。

每天的训练中狗狗会得到很多点心奖励，所以记得调整狗狗的正常饮食结构。

去目标地待着

这几乎能解决狗狗在家里所有的问题行为（虽然对攻击性行为也有用，但是当狗狗表现出攻击性时，还是应该请教专业人士）。狗狗感到紧张不安时，或是你发现它正在做你不想要他做的事，可以通过让它到别的地方去以转移它的注意力。当狗狗对着邮递员叫个不停，在你打电话时缠着你，一听到门铃响就冲向门前，在你用餐时不断求你给它食物，对周围工作的陌生人感到恐惧不安，这一招都很管用。房里来了婴儿或小孩子时，出于安全考虑，训练狗狗去目标地也是很有必要的。节假日带狗狗出去旅行或探访亲戚家时，为了不惹麻烦，带上狗狗的床，让狗狗在必要的时间段内一直待在上面。

教狗狗"去目标地待着"，这个"目标地"可以包括很多处，每个地方的训练方法和去狗舍、床、毯子、垫子、狗窝、门外面、房里面等等是一样的。一定要给每个地点配一个不同的词与之对应，比如，可以把去狗舍称为"回屋啦"或是"回窝啦"。不管你选哪个词，接下来每次都要使用同样的词，不能变换。一步一步来，大多数狗狗都可以很快学会的，有的狗狗需要三次短期训练。不要操之过急，把训练时间控制得短一点，但每次训练都要圆满结束。

去目标地待着——初级阶段

准备：站在你想要狗狗去的地方旁边，离这个地方的距离不要超过 1 英尺。这个"地方"可以是床、毯子、狗窝等其他地方。开始时让狗狗面对你坐着。双手放在胸前起始位置。

第一步：用食物（引诱）和手势引导动作。当着狗狗的面，朝目标地投下丰厚的食物，用离目标地较近的那只手扔点心（如图14.8）。于是用手指着目标地再移回胸前的动作就变成"到这个地方去待着"的手势信号。狗狗到达目标地后，立刻按响片，夸一夸，给点心（如图14.9）。重复几次练习。当你有八成把握狗狗会成功，即你已经知道它会吃到放在目标地的点心，进入第二步。

图 14.8

图 14.9

第二步：手势和话语结合。说"目标地"（或"地方""床""厨房"等等），并使用和之前扔点心时相同的手势（双手一开始放在胸前，然后扔点心，最后回到胸前）。按响片、夸一夸，给点心。以上重复五至十次。接着换一只手拿点心，发出口令后，假装用空手扔点心，手势和之前一样（从胸前拿走再回到胸前）。狗狗到达目标地后，按响片，夸一夸，给点心。换手的区别就在于食物对狗狗来说不再是引诱的动机和目标，而是作为奖励，在狗狗到达目标地之后才能得到。狗狗的成功率达80%后，进入第三步。

第三步：只说口令，不用手势。双手置于胸前，只说一次口令，等待45秒。如果狗狗把一只爪子放到床上，极力夸赞并重重奖赏它。以上重复十至十五次。如果狗狗在45秒内没有到床上去，返回第二步。有些狗狗非常害羞、犹豫不决，因此在狗狗做出近似动作的时候，就要按下响片。比如，狗狗朝目标地望去，按下响片并给奖励；狗狗向目标地迈出一步，按下响片并给奖励；狗狗把一只爪子放到目标地上，按下响片并给奖励，以此类推。

去目标地待着——中级阶段

增加距离 逐渐远离目标地，每次移动1英尺。一开始，距目标地2英尺。说"目标地"后，按响片，夸一夸，给点心。每一次成功后，把狗狗和目标地之间的距离再增加一点，狗狗成功后，再次按响片，夸一夸，给点心。如果狗狗被弄糊涂了，极有可能是因为你的进度过快。应回到上一次成功进行的距离，在此距离处重新开始，训练的时间再久一点。一旦狗狗离床（目标地）前越来越远（增加距离），就不再使用食物作为引诱，只发出声音信号。只有在一开始离床只有一步之遥的时候才用点心引导狗狗，在此之后，点心只能用于奖励。

增加干扰 当狗狗不论距离多远都能成功到达目标地时，开始增加干扰项。每增加一个干扰项，比如有人敲门，都要回到目标地，把整个训练过程重复进行一遍。例如：

- 站在门边下令让狗狗去目标地，按响片，夸一夸，给点心。重复五至十次。
- 敲门或按响门铃后，立刻下令让狗狗去目标地（床）。重复十次，每一次都要按响片，给奖励。第十一次时，只敲门或按门铃，不给口令，等待 45 秒。

这样，让狗狗去目标地的信号就固定下来。经过几天、几周乃至几个月的训练，狗狗在听见敲门声或门铃响时，会自觉地去目标地待着。

去目标地待着——高级阶段

狗狗对这一行为越来越得心应手后，逐渐使距离变得更远，并通过间歇性奖励模式帮狗狗戒掉对食物奖励的依赖性，即每隔一次、三次或四次奖励一回。除了食物奖励外，还要采用生活奖励，比如带狗狗出去散步、兜风。对狗狗说"想出去玩吗？先到床上去"。当狗狗不再需要食物嘉奖时，对它来说，去门口见见客人、出去兜个风或做任何自己喜欢的事，都可以算是不错的奖赏。

接下来就要增加目标地的数量。给每个不同的地点起一个对应的名字，如"床""垫子""狗舍""厨房""沙发"等。针对这些地点要一个一个来，保证上一个地点已经成功掌握时才能继续训练下一个。对每一个新的目标地都要按步骤从头开始。

当狗狗学过两个到两个以上的目标地，比如床和狗舍，你可以教它如何区分二者。把狗舍和狗狗的床分别放在一个房间的两端，按照以下步骤开始。

站在二者中间，让狗狗到床上去，每次成功后都要给奖励。重复十次。

继续站在中间，这一次让狗狗到狗舍里去，每次成功后都要给奖励。

重复十次。

现在只发出口令，让狗狗到床或狗舍去，看看狗狗会怎么做。

当狗狗按照你的口令到达目标地的正确率达到 80% 后，将两个目标地中的一个比如床，沿着同心圆的轮廓向另一个移动，这样二者间的距离缩小，但你仍与二者保持相同的距离。比如，一个目标地在你的前方，另一个目标地在离你前方偏一点的位置上。

在每次成功的基础上继续前进，直到这两个物体互相挨近。

狗狗能顺利区分二者时，再加一个物体，比如垫子。把垫子放在房间的另一端，重复整个练习过程。

"去目标地待着"——教狗狗待在狗舍

狗狗天生不喜欢被关押、受束缚。因此，你不能粗暴地把狗狗关在狗舍里，这会给狗狗带来精神上的创伤。应该让狗狗逐渐适应狗舍，这一点很重要。教狗狗待在狗舍和上述"去目标地待着"的方法是一样的。有一点必须牢记，在没有亲眼确保狗狗在狗舍里感到舒适自在之前，不要把门关上。如果你的狗狗很敏感，不能下定决心走进狗舍，你可以做以下尝试：

- 如果狗舍是那种封闭式的，做训练时将顶去掉。
- 在训练狗狗进狗舍之前，用对抗性条件作用改变狗狗对狗舍的反感。有两种方法。
  - 在狗舍前沿着一条线放置点心。也可以让狗狗在狗舍内进食。一开始先把点心放在狗舍内离门很近的地方，在接下来的喂食中逐次把点心越放越远，一周后，狗狗必须从门口一直走到里面去才能吃到点心。在这个过程中不能关上狗舍的门，这一点很重要。

- 如果狗狗不往狗舍的方向看，在狗舍里悄悄藏一个点心，让狗狗自己找到。有时你不在身边的时候，狗狗会表现得很勇敢。当你发现点心被吃掉了，一次性藏更多的点心在里面。这样一来，狗狗就会开始将狗舍当作提供点心的神奇港湾。

当你发现狗狗已经用积极的眼光看待狗舍，并且在不经要求的情况下自行去里面寻宝，开始使用诱导游戏：每次看见狗狗进狗舍，按响片，夸一夸，给点心。

现在你可以开始用"去目标地待着"的方法教狗狗去狗舍。

当你确定狗狗从心理上接受狗舍后，让它进去，关上门。一秒后，立刻透过门缝给它奖励，然后打开门让它出来。重复三到五次，每次奖励后立刻打开门。

延长关门的时间，逐步增至15秒，每次增加一秒都要给狗狗奖励。这个过程可能需要几天，甚至几周、几个月的训练，具体取决于狗狗的敏感程度。当狗狗可以在关闭的狗舍内安心待上15秒钟，进入下一步。

开始增加距离，一次增加一步，从狗舍跟前走开一定距离，然后再返回。也就是，让狗狗待在狗舍里，关上门，先退后一步，再向前一步，给狗狗奖励，然后打开门。每一次增加距离再次返回后，都要奖励狗狗，再把门打开。让狗狗单独待在狗舍里，时间由短慢慢增长。

空间限制对幼犬不会造成问题，因为狗狗长到几个月大后才会对此类问题产生反应。幼犬的适应性更强一些，接受能力也强。话虽如此，每个狗狗都是独一无二的，有自己的特性。如果你训练的这只幼犬对空间限制感到极度不适，那就暂时不要关它，请专业的训狗师解决问题。

提示

对于诸如此类需要狗狗进行运动的练习，你的态度非常重要。如果你看起来兴味盎然，狗狗也会觉得奇趣无穷。如果狗狗闷闷不乐地呆站着，想办法乐一乐！

遇到问题了？

- 适当降低期望值。不必指望一次训练就能让狗狗学会。
- 时不时在狗狗床上（或其他地方）放置点心，很快狗狗会自己去目标地寻找食物。这时候，使用诱导游戏。在狗狗把爪子挪到床上（或狗舍及其他目标地）时，立刻按响片、夸一夸，并给它额外的奖励。
- 发出指令后朝目标地看去，这是因为狗狗倾向于跟随你的视线。
- 确保给狗狗充足的45秒反应时间。

"去目标地待着"可解决的问题

我在前面提到过，"去目标地待着"可以作为一种替代行为解决狗狗在家里出现的几乎所有问题行为。当狗狗能够从15英尺远处走到目标地（床、狗舍等）时，你可以给这一行为配备几种不同的指令以解决多种问题。

狗吠 相比起来，狗狗处于卧姿时叫得少，因为这个姿势更具有从属意味，同时也更加放松。狗狗叫个不停时，只要命令它跑去床上躺着就行了。让它暂时不要乱动，当它安静下来时，再让它自由走动。

乞食 如果狗狗在餐桌边乞食，用"去目标地待着"作为替代行为。

站在餐厅餐桌旁，让狗狗到它的床上去。重复五至十次，每一次都要按响片、给点心。

接下来，坐在椅子上发出指令。重复五至十次，每一次都要按响片、给点心。第十一次时，坐在椅子上什么也别说，等45秒。这样一来，你往椅子上一坐，就等于向狗狗发出了去床上待着的指令。以后每次你在餐厅里坐下来，狗狗就会自己跑向目标地（床）。

当狗狗成功做到这一点时，你再命令它卧倒，然后奖励它。经过几天的练习后，无论何时只要你坐在餐桌旁开始吃饭，狗狗就会自动去它的床上躺下。你可以从桌上丢一些点心给它，或是时不时起来去看看它，给它爱抚和奖励。为了让狗狗能待在床上，你可以给一些它最爱用来咀嚼、磨牙的食品，比如牛肉棒、鸡肉块或是塞有点心的橡胶玩具。

冲出门外 如果狗狗突然冲到门外面，用"去目标地待着"作为替代行为。

站在门边，命令狗狗去床上。重复五至十次，每次都要按响片，给点心。

接下来，把手放在门把上，对狗狗说"床"。重复十次，每次都要按响片，给点心。第十一次时，手放在门把手上，什么也不要说，等待45秒。

这样一来，手放在门把上这个动作就相当于向狗狗发出去目标地的指令。当狗狗正要夺门而去时，看见你这个动作，就会转而往反方向走。狗狗到床上去之后，再下令让它躺下并保持这个状态，它得到的奖励是和你一起出去散步。经过几天、几周乃至几个月的练习，每次你走到门口时，狗狗会自动回它的床上躺着。

注意：狗狗的动作通常比人迅捷得多，所以在练习时要拴住狗狗，以防它逃出去。

啃咬 把狗狗的床放在显眼的地方，教狗狗在家里的时候必须待在床上。你可以把狗狗拴住，同时给它一个耐嚼的、要花好一阵子才能啃完的食物。你要让狗狗知道，哪些东西是可以啃咬的，哪些是不能咬的，并制止它乱咬的行为。

床属于不能咬的东西之一，如果狗狗喜欢咬自己的床，只有在做去目标地的练习时才把床拿出来。训练完毕后，把床收起来，不要给狗狗咬床的机会。几周后，狗狗会只咬你允许的在能咬范围之列的物品。

提醒：只有当你和狗狗同处一室时才能用绳子拴住它以便看管。如果你无法做到和狗狗待在同一房间，用儿童安全门栏把狗狗隔离在安全的位置，不要使用绳索。

跳 如果狗狗喜欢跳到你身上或来访的客人身上，用"去目标地待着"作为替代行为。

站在门边，命令狗狗去目标地（床）。重复五至十次，每次都要按响片，给点心。

接着，站在门另一边，打开门后说"目标地"。重复十次。第十一次时，打开门后什么也不说，给狗狗45秒的时间。你进门的动作相当于向狗狗发出去目标地的指令。经过几天的练习后，狗狗在你走进门时会自动跑去目标地待着。

现在进入下一步。请一位朋友帮忙，你和狗狗一同站在门边，然后让你的朋友从门外进来。朋友进门时，命令狗狗去目标地。重复十次。第十一次时，什么也别说。这样一来，一旦有人进门，狗狗就会把这当作去目标地待着的信号。狗狗获得的奖励是你对它说"好了"，表示它可以离开目标地去见这个客人了。

对敲门声或门铃声反应强烈 如果每次一有人敲门或按门铃，狗狗就会冲到门口狂吠不止，用"去目标地待着"作为替代行为。

教会狗狗在你站在门边时去自己床上待着。站在门边，命令狗狗去目标地（床），按响片，给点心。重复五至十次。

接着，敲门或按响门铃，然后立刻命令狗狗去目标地。重复十次，每次都要按响片，给点心。第十一次时，敲门或按响门铃后什么也不说，给狗狗45秒的时间反应。狗狗收到去目标地的信号，就会跑去目标地（如果狗狗在45秒内没能完成要求，回到它成功应对的上一阶段），然后命令狗狗躺下并保持。经过几天、几周乃至几个月的练习，每当有人敲门或按门铃时，狗狗就会自动跑去目标地待着。

现在进入下一步。请一位朋友帮忙，你和狗狗一同站在门边，让你的朋友按响门铃或敲门，同时命令狗狗去目标地。重复十次。第十一次时，什么也不说。这样一来，敲门或门铃声就变成了狗狗去目标地的指令。

随叫随到

随叫随到又称为"召唤"，让狗狗学会这个行为的好处真的不必一一列举，它的有用程度取决于通过训练达到的可靠度。行为可靠度是没有捷径可取的，只有三件法宝：重复练习，持之以恒，提高难度。

记住最重要的一条法则：不要呼唤狗狗到你跟前来，除非你有80%的把握狗狗会予以回应。换句话说，如果知道狗狗有可能不会听你召唤，就不要随便使用"过来"这个口令。还有，当你要大声训斥狗狗，或者因故离开，一天都不在家的时候，也不要召唤狗狗（不过在积极训练法中不会用到大声训斥，所以你应该不会出现这个情况）。如果你真的在把狗狗叫过来后冲它大吼，或是离开家一天都不回来，狗狗会很快将"过来"这个词和负面结果联系起来，于是，下次你叫它时，它就不会来了。在没有成功掌握高级阶段之前，绝对不要在它跑开的时候叫它，因为它可能会无意中把"过来"当成无关紧要的一个词，或是以为"过来"的意思是往反方向跑。

随叫随到——初级阶段

我把"随叫随到"，即"召唤"，当作行为教学的目标练习，因为对主人和狗狗来说，这项练习非常容易。我一再强调循序渐进对这项行为非常重要，我们最终的目标是养成自动回应的习惯。这就是说，只要发出指令，狗狗会条件反射般地停下来，不管它当时在做什么，然后立刻跑到我们身边，这一过程甚至不需要经过思考。成功的关键是长期坚持无数次的重复练习。

准备：在一只手的手指上蘸抹一些火鸡、鸡肉或奶酪，用另一只手拿点心。双手放在"起始位置",紧贴胸前。

第一步:用食物(引诱)和手势引导动作。将沾有食物气味的那只手从胸前拿下放在同侧,移到离狗狗鼻子前2英寸的地方,手心朝前。叫狗狗过来的手势即是你把手从胸前移至身体一侧的动作。狗狗一触碰到你的手,按响片、夸一夸,并用另一只拿点心的手给奖励。以上重复十至十五次。当狗狗达到80%的成功率后,进入第二步(见图14.10、14.11和14.12)。

图 14.10 双手放于胸前起始位置

图 14.11 说"过来",把一只手放在一侧,吸引狗狗向你走来。

图 14.12 动作的最后部分，狗狗用鼻子触碰到你的手。按响片，夸一夸，给点心。

第二步：手势和话语结合。说"过来"后，把沾有食物气味的手放在离狗狗鼻子 4 英寸远处。每次重复练习时，把这个距离增加 1 或 2 英寸，直到达到 20 英寸的距离。这么做的目的是，不论你离得多远，狗狗都会跑过来为了触碰你的"神奇之手"。

提示

在日常活动中找到练习机会，用生活奖励促进训练：

- 喂食时，让狗狗先碰到你的手，再把食物放下。
- 外出时，让狗狗先碰到你的手，再把门打开。
- 带狗狗散步时，间期性地让狗狗碰你的手（过来）。

注意：在进行这项行为的训练时，第三步（只使用口令）暂不采用，等达到高级阶段后才会用到。目前你只要继续对狗狗说"过来"，让它触碰你的手，然后给它奖励。

随叫随到——初中级阶段

1. 和家庭成员一起围成一个三角形，每人间距 6 至 10 英尺。让狗狗坐在你们中间。甲用欢快的声调说："杰克森（此处为狗名——译者注），过来。"狗狗走过去触碰到甲的手时，按下响片，用点心、爱抚和赞美作为奖励，告诉它："你真是好样的！"随即乙呼唤狗狗，再轮到丙，然后每个人不按顺序随机叫狗狗"过来"。

2. 重复上一步。不过这一次，在狗狗碰到你的手后，让它坐在你面前。狗狗做到的话，按响片，夸一夸，给点心。以上重复五至十次。

3. 增加难度和干扰，比如：

- 背对狗狗进行训练。
- 训练时躺在地上。
- 训练时坐在地上。
- 到别的房间，即和狗狗不在同一房间内，说"过来"。
- 形成行为链。命令狗狗坐下并保持不动。站在10英尺外，用欢快的声音说："杰克森，过来。"狗狗走近跟前碰到你的手时，让它坐下，然后卧倒，等所有动作结束时，按响片，夸一夸，并给点心奖励它。
- 把训练场所换到户外，从头开始。记住，一旦环境有所变动，训练就要重新开始。所以带狗狗去户外时，要再回到初级阶段重新训练。在干扰较小的环境中进行，例如清晨的后院。

中级阶段

现在开始增加干扰，将以下两个练习加入训练中。

1. 打断狗狗的晚餐时间，让它过来。正在吃东西的它得停下来，坐在你面前，然后再回去继续吃饭。为了这个练习能顺利进行，开始时在狗狗的碗里放些质量、口感较低的食物，粗磨食物是最好的选择。站在1英尺或2英尺远外，呼唤狗狗。狗狗过来后，给它丰厚的奖励如火鸡片、肝片，然后让狗狗回到盛满粗磨狗食的饭碗边。以上重复三至五次。接下来逐渐加大碗里的食物量，这是为了狗狗在被叫之前可以真正吃上一会儿。渐渐地，在碗里放些特殊的食物如火鸡肉和肝片。最后，训练进展到这一步：你手里什么也不拿，呼唤狗狗过来。这时候你不再需要用手里的食物作为引诱和奖励。狗狗会知道碗里的食物就是奖励，虽然它要先停下来走到你跟前。

2. 请一位朋友拿着点心，放在离狗狗鼻子前几英寸处，并对它说："看，我这儿有什么好吃的！"正当狗狗期待着从朋友那儿得到食物时，把你平常用来召唤狗狗的那只手放在狗狗的脸边（大约3英寸），说"过来"。当狗狗转过头来，立刻夸奖它，然后说"好！"，并让朋友把点心塞到狗狗嘴里。重复练习五至十次，每一次你的手和狗狗之间的距离要增加一点。最终的目标是，狗狗能够穿过整个房间走到你跟前触碰你的手，然后再返回朋友处拿奖励。如果狗狗就是不转头怎么办？可以让朋友手拿质量较低的食物，而你自己手拿相对高级的食物，然后进行使用手势、没有食物奖励的训练。

遇到问题了？

- 如果你训练的幼犬不太能看清远处，你可以蹲在地上，张开双臂，用欢快的声音说："杰克森，过来。"
- 转过来侧对狗狗，把手伸向狗狗时蹲下来。对于相对活泼、难驾驭的救生犬，这一招很管用。
- 说"过来"后，朝反方向跑去，把这变成一个好玩的游戏。
- 玩捉迷藏（见之前的"捉迷藏游戏"）。如果你采用游戏的形式，狗狗就一定会跑过来找你。
- 用做手势的手拿点心，重复几次练习。然后回到不用奖励，只给手势的训练方法。
- 练习三角游戏。

安静下来

教狗狗保持安静可能会产生混淆，因为安静的反义词——吠叫，是很容易在无意中训练养成的。换句话说，你一不小心就会无意中教狗狗吠叫，而不是你期望中的保持安静。因此，你在和狗狗每天进行互动时一定要小心谨慎，要清楚自己在做什么。比如，如果你正讲电话时狗狗叫个不停，希望得到你的关注，最后你终于受不了了，冲狗狗大喊"快闭嘴"，这样一来你很可能无意中促使狗狗继续叫下去，因为你如它所愿，终于把注意力转到他身上了。记住，狗狗是通过观察"当某某发生时会怎么样"来学习的，就好像他对自己说："当我叫个不停时，会怎么样呢？"答案就是："主人终于看我啦，我得到奖励了。"于是你实际上在鼓励狗狗吠叫。所以当狗狗叫时，你要注意自己的回应方式。

下面是保持安静的教学方法，这里将不采用传统的三步法。

1. 信不信由你，不过要教狗狗安静下来，首先得教它吠叫。狗狗一开始叫，就给它一些不怎么高级的奖赏，比如口头上的夸奖，然后打断它的叫声，教它安静下来。用突如其来的、短促干脆的声音说"安静"，当它停止吠叫后，给它高级一点的奖赏，比如丰厚的狗点心。狗狗很快会意识到，"安静"时能得到更好的奖赏。这种方法也被称为"行为提示"。当狗狗叫的时候，用"唱"或"说"这样的词表示"叫"。按响片，夸一夸，给点心。经常这么做，狗狗会很快把吠叫和这个词表示的信号联系起来。请注意：在这种情况下你必须立刻给这个行为加上称号，因为狗狗已经在这么做了。

2. 当狗狗按照提示或指令开始吠叫时，用"安静"或"够了"等词打断狗狗。当它停下不叫后，立刻按响片，夸一夸，给点心，这一次的奖赏是丰盛的食物。接着再让狗狗"唱"起来，给予口头夸奖，然后说"安静"，按响片，夸一夸，给点心。每次训练重复五至十次。狗狗达到80%的成功率后，进入第三步。

3. 推迟几秒后再给点心，以延长"安静"时间。先是延迟2秒，再到3秒，一直推到几分钟。最终不再对"唱"的行为给予食物奖励，只进行口头奖励，而对"安静"的行为给予食物奖励，如此一来，狗狗会更倾向于保持安静，因为这样才能吃到丰盛的点心。

跟随

很多人以为"跟随"就是"无拉扯牵走"。其实这是两种不同的行为，区别在于：

"跟随"意味着狗狗在你身边或走或停，都处在你腿边一个假象的区域范围内——既不太超在你前头，也不太落在你后头，离你既不太远，也不太近。这个假象区域的目的是，狗狗待在此范围内时不会碰撞或踩到你的腿。"无拉扯牵走"，顾名思义，就是狗狗被你用栓绳牵着时，可以走在你前面、你身后或是你身边，但当它感到绳子有哪怕是一点轻微的拉扯时，就会立即停下来。我们先来学"跟随"，然后再学"无拉扯牵走"。

在跟随的初级阶段，有几种方法可以让狗狗走在你身边，你可以选择其中几种单独使用，也可结合使用。在课堂训练和家庭训练中，我主要使用第二种和第三种方法。通常的三步法（引导动作、口令、手势结合，只说口令）不适用于跟随这一行为，因为狗狗学得非常快。因此，如果你已经有八成把握狗狗会成功，就不需要进行第一步了。

跟随——初级阶段

初级阶段有两种训练方法，你可以两种都尝试一下，看看哪种最适合。

跟随——方法1：传统方法 这种方法是三步法的变体。

准备：在无干扰的环境中，让狗狗坐在你旁边。

第一步和第二步：用食物（引诱）引导动作，手势和话语结合。双手放在胸前起始位置，说"跟随"，然后用离狗狗较近的那只手把点心塞到狗狗嘴里。与此同时，不要走近狗狗，待在原地不要动。重复十至十五次。表示跟随的手势和表示过来的手势相似，把手从胸前放到身体一侧。

这是因为过来和跟随都是目标行为，即目标手在哪里，狗狗就应该出现在哪里。过来和跟随唯一的不同之处是，前者狗狗朝面对你的方向走来，后者狗狗和你面对同一方向。

第三步：加入动作。狗狗会抬头看你的手，期待得到点心，这时候开始走，同时给狗狗奖励。当你走路的时候，把接近狗狗的那只手放下，手里拿着点心，准备喂进狗狗嘴里。就在你给它之前，说"跟随"。然后把手放回胸前。以上重复十至十五次。

第四步：只说口令。双手放在胸前，说一次"跟随"，然后开始走路。走出4到5步，停下，说"坐下"（如果需要的话，使用表示坐的手势，即举起手放在狗狗头上方位置）。当狗狗坐下后，夸奖它并给它点心奖励。重复练习，每次停下前的步数逐渐增多，即多走几步后，再让狗狗坐下。比如，向前走8到9步，然后下令让狗狗坐下。接着再增加到12至13步。每次停下时，按响片，夸一夸，给点心，如果你带狗狗在外面做跟随练习时，每天多走一个房子的距离，一个月后，你就可以让狗狗跟随你在附近的街区走动了。

遇到问题了？

如果狗狗在你停下脚步时想走到你前面，也很正常，因为它总是习惯做完其他动作后来到你面前收获奖励。为了解决这个问题，当你准备停下时，把点心拿到离它鼻子很近的地方。当你停下脚步时，使用表示坐下的手势，把点心放在狗狗头稍上方一点的位置，它坐下后，再把点心给它。重复十至十五次后，这个问题应该就能解决了。

方法2：自发跟随 这个方法是诱导游戏的变体，教起来非常容易，所以不需要使用三步法。

第一步：在无干扰的环境中，封闭的区域比如院子里悠闲漫步，不要拴住狗狗。如果你没有用来练习的封闭场所，用20英尺长的栓绳把狗狗固定住，这样它就不会跑丢。

第二步：无论何时当狗狗恰好走在你旁边时，按响片，夸一夸，给点心。你可以通过各种方式鼓励（促使）狗狗这么做，比如拍你的腿，迈着小快步，在狗狗表现出哪怕一点儿想待在你旁边的兴趣时就给它奖励。每次狗狗开始朝别的方向走时，你就突然转过身走开，不过要小心一点，如果狗狗已经走在前面，不要强拉它。每次狗狗恰好来到你旁边时，再次按响片，夸一夸，给点心。如果狗狗继续待在那儿，还要继续夸奖它并给它奖励。提示：如果狗狗拉扯绳子，而它正好又属于特别强壮类型的，或是在你之前曾经受过虐待，比如说很多救生犬都是这样的，可以使用轻松漫步牌训练系带或纽翠丝牌训练系带以及笼头式项圈。防拉扯项圈和弹性绳索的结合使用能使你对狗狗的控制度提高 50%。

跟随——中级阶段

进入中级阶段时，狗狗应该已经成功掌握初级阶段的两种方法之一。

请一位朋友站在离你和狗狗 10 至 15 英尺远处。让狗狗保持跟随状态，走到朋友跟前，然后下令让狗狗坐下。接着和朋友握手后，请朋友走开。按响片，夸一夸，给点心。

重复上一步，不过这一次有些不一样。你和狗狗待在原地，请朋友走向你们。朋友走过来后，和你握手，然后走开。按响片，夸一夸，给点心。

站在距朋友大约 30 英尺的地方，让狗狗处于跟随状态，朝朋友走去，与此同时，朋友也向你们走来。你们相遇时，下令让狗狗坐下，然后和朋友握手。接着请朋友朝和你们相反的方向继续走下去。你和狗狗走的时候，按响片，夸一夸，给点心。

提示

- 确保狗狗跟随之前做过大量练习。
- 开始时请一位狗狗认识的人帮忙，练习之前，让这个人和狗狗打个招呼。
- 如果狗狗每次在有人向你们走来时都站起来，用脚踩住栓绳。

跟随——高级阶段

大多数狗狗在熟练掌握高级阶段之前应该有 18 个月大到 24 个月大。对于成熟的狗狗，一般需要最少六个月的坚持训练才能达到这一阶段。在高级阶段，你需要引进新的地点、人、狗，并重复中级阶段的训练。

带狗狗去市里，沿着人行道穿梭于来往的行人和其他狗狗以及车来车往的噪音中，让狗狗跟随你。走过格栅，穿过梯子下面，经过正把货车开进商店或饭店的快递员。记住，把每次训练的时间控制得短一点，并使用丰厚的食物奖励。

不断地增加跟随时间。掌握高级阶段后，不管发生什么，狗狗都会寸步不离地跟着你，除非你下令，否则它是不会离开你身边的。

遇到问题了？

- 在充满干扰的环境里训练狗狗跟随，成功的关键是你应该也能猜到，就是循序渐进，一步步来。如果狗狗无法应对拥挤的人群，穿过街道到人较少的地方。每次的训练时间尽量控制得短一些，在带狗狗去市里之前一定要保证狗狗已经接受过训练。
- 还可以尝试"饲料袋"的小窍门。如果你料想狗狗会为某物或人异常分心，抓一大把点心在手上，当你带狗狗经过这些令人分神的干扰项时，让它从你的手里舔食。这样一来，狗狗就会高高兴兴地吃你手里的食物，而不太去在意周围的干扰。当你和狗狗经过别人的房子和院子时，可能会碰到狂叫不止的狗，那这一招就很管用了。

无拉扯牵走

"无拉扯牵走"和"跟随"的唯一区别是，前者给予狗狗更多自由和更大的活动范围。训练"跟随"时，当狗狗正好在你旁边时才按下响片。训练"无拉扯牵走"时，狗狗随便在什么位置都行，只要绳子是松弛的。

教学方法基本是这样的：当狗狗让绳子松弛下来时，按下响片并给点心。

我在教学中把 5 种方法结合起来使用。通常的三步法不适用于方法 1 到方法 4。五种方法包括：

开始 / 停下法
自动返回法
转向法
走路 / 放松法
"到我身后去"

上面这些方法单独用时就很有效，不过如果同时使用 2 到 3 个，甚至 5 个全部使用，训练进程将大大提升。这些方法都强有力地向狗狗传达一个信息："待在我身边（离我近一点）吧，不要拉扯到绳子，这样我会让你想去哪儿就去哪儿。"

无拉扯牵走——方法 1：开始 / 停止法　你应该见过这样的场景，狗狗拼命拉扯绳子向前冲，拖着主人到处跑。为什么会发生这样的事？因为主人无意中让狗狗认为拉扯绳子会得到奖励，那就是拥有向前冲的自由，而这与你实际的期望完全相反。

图 14.13

第一步：下次狗狗再把绳子拉扯得很紧时，停下你的脚步，狗狗会疑惑地四处闻一闻，最终它会明白发生了什么（见图14.4）。

图 14.14

第二步：当狗狗转过头来看你时，你会感到绳子松了一点，立刻按下响片并夸奖它，然后继续往前走（见图14.15）。这样做能给狗狗自主探索的自由，让狗狗明白，拉紧的绳子（肌肉感到紧张）意味着要停下，松弛的绳子（肌肉感到放松）意味着可以走。每次训练走过的距离要预先定好，我建议你先用邻居家房子的长度作为开始。

图 14.15

第三步：每隔一天或两天，以一栋房子为单位加长训练的距离，直到可以走完整个街区为止。如果狗狗在走的时候还是要拉扯，在任何距离内都无法掌握无拉扯牵走，使用方法4：走路/松开法。

用停下/开始法训练无拉扯牵走时，狗狗一旦拉扯绳子，即刻停下脚步。

当狗狗转过身看你时，绳子松弛下来，立刻按下响片并夸奖，然后作为奖励，开始继续向前走。

想要这个方法奏效，有一个关键时刻你必须注意到。通过十分钟的训练后，狗狗会明白你的用意，而你则需要知道什么时候狗狗已经意识到了。具体是这样的：比方说你已经带狗狗练习了12次左右的走/停，狗狗会在某次感觉到绳子拉紧后立刻后退或者放松肩膀，它的动作之快让你根本没有机会像之前那样完全停下来。这就是关键点。这时候你要极力夸赞狗狗，如果可以的话，还要按下响片并奖励它。狗狗已经明白，如果它感觉不到来自绳子的压力，你就会一直走，所以它主动减轻这种压力。反过来，如果你没有作出任何表示来表明你对狗狗有这种认识的认可，狗狗会想，"好吧，原来不是这样，我做得不对"，然后继续拉紧绳子。有时我会教人们闭上眼睛，凭借感觉发现这一点，而不是靠眼力去寻找，不过当心别撞上电线杆了。

无拉扯牵走——方法2：自动返回法　想象一下，你在用方法1训练时，一旦绳子拉紧，狗狗会自己主动一路走回来到你跟前。用方法2时，狗狗不仅会因为保持绳子松弛而受到奖励，还会为它待在你身边而受到额外奖励。用开始/停下法时，狗狗使拉紧的绳子放松后得到的奖赏是可以继续向前走。而方法2会教狗狗不要立刻向前走，而是等你追上它，和它并排时再走。狗狗会知道，只要绳子处于松弛状态，它就能和你一起走下去；与此同时，狗狗还会认识到，如果它紧紧待在你身边，就能得到额外的食物奖励。

如果狗狗停下来探索周围的事物，你就一直走，超过它。当狗狗不再嗅来嗅去并很快追上你时，按下响片，当它到达你旁边时用点心奖励它。这也是诱导游戏的一种形式，因为你并没有命令狗狗和你并排走，只是通过响片和奖励"抓住它"这么做。

无拉扯牵走——方法 3：转向法　如果你训练的狗狗非常不好管束，用开始/停下法作为开始，不过加一点转换。比如说，你才开始训练的救生犬总是想走在你前面，会一直试图超过你。你预先知道它会活跃地冲在你前面，于是当它超过你时，马上转身朝反方向走，小心一点，注意不要扯到它。这样就变成它在你后面了，它会想追上来（如图 14.15）。

当它在追你的途中恰好经过你旁边时，按响片，夸一夸，给点心。响片声标志着你期待中狗狗所在的位置。这个方法行得通，因为狗狗一般不喜欢重返已经去过的地方，却非常乐意探索新领域。狗狗会逐渐明白，如果它不超在你前面，就能一直往前走；如果它待在你身旁，就会得到奖励。

用转向法训练无拉扯牵走，当狗狗超过你时，转身朝反方向走，注意不要扯到狗狗。

无拉扯牵走——方法 4：走路/放松法　我之前提到过，在练习跟随和无拉扯牵走时，按照每天增加一个房子长的进度，过一段时间就走完了整个街区。一条街都走遍了，这时候你该怎么进行训练呢？当然可以使用防拉扯系带，尤其是如果狗狗的力气比你大。如果你想继续训练，并向狗狗传达这样的讯息："紧则停，松则走"，方法 4 可帮你。

用 4 英尺长的绳子拴住狗狗。当狗狗向前拉扯，绳子紧绷时，不要完全停止脚步。手臂保持静止，让狗狗动不了（见图 14.16）。

使狗狗待在原地的同时，自己继续向前走（见图 14.17）。

第14章 动作教学　187

图 14.16

图 14.17

　　走到狗狗旁边时,即刻放松绳子。如果狗狗又开始拉紧绳子,重复上面的方法,手臂不动让狗狗不得不待在原地,而自己向前走去。当你再次来到狗狗身边时,放松绳子,然后继续走。这一切都发生得很快(见图 14.18)。

　　用走路/放松法进行无拉扯牵走训练,第一步,狗狗拉扯绳子造成绳子紧绷。

　　第二步:自己向前走,把狗狗固定在原地。

图 14.18

第三步：走到狗狗身边后，立刻放松绳子。

无拉扯牵走——方法 5："到我身后去" 这是最简单的方法之一，而且超级有效。

让狗狗在你身边（哪一边都可以），对它说"到我身后去"，然后向后扔出点心。当狗狗到你身后去吃点心时，按响片，夸一夸。狗狗在你哪一侧，就用那一侧的手把点心顺着你和狗狗中间的线扔出去。以上重复五至十次。当狗狗达到 80% 的成功率后，进入第二步（见图 14.19）。

图 14.19

当狗狗跑到你前面时，说"到我身后去"，但不要扔点心。狗狗会在你身后寻找它想象中的食物。这时，按下响片、给点心。现在你是用食物作为完成动作后的奖励，而不是动作前的引诱。时间一长，狗狗就会自己到你身后去，希望得到偶尔的奖励。

用"到我身后去"这一方法训练无拉扯牵走。

无拉扯牵走成功的提示：我提到过非食物奖励的用法，即除食物之外狗狗渴望的任何事，比如出去兜风、进家里、受到爱抚、追着球玩等等。为了帮助狗狗练习无拉扯牵走，你可以使用三种现成的非食物奖励：

在住宅附近的居民区探索

在附近居民区做标记

向别的狗狗打招呼

如果你的狗狗对四处探索有着强烈的兴趣，一碰到虫子、瓶子和灌木丛就会嗅个不停，那么就不要用食物作奖励，而是满足狗狗的这些特殊癖好。例如，如果狗狗想和附近的同伴互动，或是与散步路上遇见的狗狗打招呼，就用这些作为它不让绳子拉紧的奖励。当狗狗停下来回头看你，它会期待得到点心，而你则对它说"好了"，然后放它去尽情探索，让它在眼馋已久的消防栓处留下自己的气味作为标记，或是让它四处打招呼。

虽然我们处处保持警惕，注意不要扯到狗狗或是让狗狗有扯到自己的危险，但总会遇到某些状况，比如狗狗为了追一只松鼠或别的狗狗，一个劲地往前冲。你必须有能力应付这些紧急情况，因此就更有必要使用弹性绳索和防拉扯系带，以防狗狗挣脱逃走或是用力过猛伤到自己。

停下

动物训练中有一个术语叫做刺激控制法①，意思是让动物在任何环境中都会做你想要它做的，非常可靠。比如，水上乐园里的鲸鱼和海豚在听到一种特殊的水下声波后，会立刻停下正在做的事，回到防护圈内。水上乐园的训练师对可能出现的问题有着非常灵敏的直觉。哪怕有一丝微弱的迹象表明可能会有危险，这种蜂鸣声就会响起，园中所有的海洋动物听到后就会游到各自的防护圈内。

话虽这么说，不过对任何动物来说都不存在100%的可靠性。人也一样，就像我之前说的那样，大多数情况下80%的可靠度已经算很好了。想要狗狗达到90%甚至以上的可靠度，需要付出更多的时间和精力。我的建议是，让狗狗最起码学会一个可能救生的行为并通过训练达到高度的可靠性，比如"停下"、"过来"或者"卧倒"、"别管它"。狗狗哪怕达到上面任何一种行为的高度可靠性，将来遇到危险时可能就靠它救命了，比如：阻止狗狗跑到汽车前面，或是防止它被臭鼬喷到。如果你教会狗狗"停下"，并把它提升到高度可靠的行为之一后，你基本上可以放心，狗狗无论在做什么，只要你叫它停下，它就会待住不动。

停下——初级阶段

在初级阶段，你要教狗狗在向你走来时停下。

准备：在无干扰的环境中开始。一手拿点心，另一手拿响片，双手放在胸前起始位置。让狗狗坐下后，你朝后走大约6英尺，然后转过来面

---

① 刺激控制法是从操作条件反射研究中派生出来的一种行为治疗方法，它通过系统操纵起控制作用的环境刺激的方法来矫正行为。——译者注

对狗狗。

第一步：使用食物（引诱）和手势引导动作。呼唤狗狗到你跟前来，当狗狗走了一半路程后，向前迈半步，同时把手伸出来，手心朝前，这个手势和表示"不动"的手势是一样的。如果你迈的是右脚，就用右手，迈的是左脚则用左手（见图 14.20）。你向前走的目的是帮助狗狗不再继续朝你走。当狗狗停下时，按响片，夸一夸，给点心。以上重复十次。当狗狗达到 80% 的成功率后，进入第二步。

图 14.20

第二步：手势和话语结合。让狗狗坐下后，向后走大约 6 英尺的距离，然后转过身来面对狗狗。呼唤狗狗到你跟前来，当狗狗走了一半路程时，说"停下"，然后再次迈出右（左）脚并把右（左）手伸向前。狗狗停下后，按响片，夸一夸，给点心。以上重复五至十次。狗狗达到 80% 成功率后，进入第三步。

第三步：只说口令，不用手势。唤狗狗过来，然后说"停下"，既不要向前走，也不要做手势。当狗狗十有八次听到口令后会停下，逐渐增加你们之间的距离。先是 7 英尺，再到 8 英尺，以此类推。

在初级阶段第一步，站在 6 英尺远处，面对狗狗。唤它过来，然后向前迈半步，伸出手来，掌心朝前，说"停下"。

增加难度：当你站在 20 英尺处下令，狗狗能够成功停下时，加大难度。让狗狗跑得更快一点，然后叫它停下。为了让它跑得快，你可以用欢快的声音说"过来"，在它跑向你的时候向后退。

最终目标是达到这样的程度：狗狗以全速奔跑时，让它停下。

如果狗狗在某一阶段过不去，比如距离过长、速度过快，回到它能够成功应对的上一阶段。

遇到问题了？

你叫狗狗过来再让它停下，这样的练习做了很多很多次后，狗狗可能会预先料想到结果。它知道反正你要叫它停下，于是就偷个小懒，不等你下令就直接站在那儿。这样的情况一旦发生，你需要对随叫随到这个行为重新强化。唤狗狗到你跟前来，让它不受打断地跑完全程，重复十至二十次，每次都要按响片，夸一夸，给点心。然后再通过随机选择的强化训练，将随叫随到和停下这两种行为结合起来。十次中，随机选择三次来打断狗狗跑步，在它向你跑来时说"停下"；另外的七次，让狗狗一口气跑完全程，不要打断它。这种随机模式一旦确定下来，既不会损伤狗狗朝你过来的积极性，同时又能养成"停下"这种行为。换言之，每一次你叫狗狗过来时，狗狗就知道，要么一路跑向你，要么在跑的过程中停下来，而这一切都取决于你的要求。

- 如果狗狗在你发出停下的指令后仍然继续前进，那么下次训练的时候缩短你和狗狗之间的距离，再对狗狗说"过来"，这样做是为了减少狗狗跑起来时的冲劲。
- 如果狗狗还是停不下来，继续往前跑，用绳子把它拴住，系在一个固定物体上，让它跑不了。不过要小心一点，注意别扯伤它。为了避免扯到狗狗，使用这个方法时和狗狗之间的距离要保持在短短的 3 到 5 英尺。

停下——中级阶段

前提条件：达到"跟随"行为初级阶段的可靠度。

停下的中级阶段教狗狗停在你身边，同时保持站姿不动。狗狗停下时不需要坐下，不过，要是它坐下或卧倒也没关系。

1. 同狗狗并排走，狗狗在你的左（右）侧。双手放在胸前，一手拿点心（右边还是左边真的无所谓，不过大多数人习惯选择让狗狗待在他们左侧）。

2. 走出5至7步后，说"停下"，在停下脚步的同时将左（右）掌伸到狗狗鼻子前，这和表示"不动"的手势是一样的。当狗狗停下后，按响片，夸一夸，给点心。以上重复十至十五次。

3. 和狗狗一起走出5至7步后，说"停下"并像之前那样做手势。把手放在狗狗鼻子前，继续从狗狗身边用右脚向前多迈一步（见图14.21）。回到狗狗身边，按响片，夸一夸，给点心。以上重复十至十五次。

图 14.21

如果狗狗在你左侧，说"停下"后用右脚再迈一步；如果狗狗在你右侧，用左脚。

4. 和狗狗一起走，说"停下"后给出像之前那样表示"停下"的手势。手放在狗狗鼻子前方，继续向前走，这一次迈出两步，先迈右脚，再迈左脚。回到狗狗身边，按响片，夸一夸，给点心。以上重复十至十五次。

5. 现在狗狗已经开始明白，即使你从它身边走过，只要它保持不动，你还是会回来的。和狗狗一起走，如前一样，说"停下"，迈出三步（右，左，右），下一次再迈出4步，以此类推。每次都要回到狗狗身边，按响片，夸一夸，给点心。在迈到3步的时候你就无需把手放在狗狗鼻子前了，只要说"停下"，给出手势后把手收回到胸前起始位置。

6. 当狗狗在你走出20步后还能成功待在原地保持不动，开始加大你的步速。先是快走，命令狗狗停下，继续以轻快的步伐从狗狗身边走过。如果能成，再把难度提高一点。和狗狗一起慢跑，然后说"停下"，做出表示停下的手势后把手收回到胸前起始位置，接着继续向前跑。记住，每次都要回到狗狗身边，按响片，夸一夸，给点心。如果狗狗在某一点无法完成，回到它能够成功应对的上一阶段。在加快步速之前，以当前的步速多做几次练习。

中级阶段第三步，说"停下"后继续往前走一步，然后回到狗狗身边并给奖励。

遇到问题了？

- 做这个训练之前多让狗狗做一些运动消耗体力，这样它就不会那么积极地往前跑。
- 从狗狗身边走过时迈的步子小一点儿。

停下——高级阶段

当你在狗狗后面看着狗狗越跑越远时，你要教会狗狗停下来。比如，你带狗狗外出散步，有时狗狗得到你的许可后会跑在前面。这时候如果它恰好看见一只松鼠呢？狗狗必须学会该停下时就停下，不管周围出现多么诱人的事物。这一阶段比较难掌握，不过如果你在前两个阶段打好基础，让狗狗学会也不成问题。

别碰

"别碰"的意思是："狗狗，不管你现在在看什么，不要去碰它。"这个不能碰的东西可能是为感恩节准备的火鸡、你的鞋子、孩子们的填充玩具、遥控器（千万不能碰）、狗狗自己的便便、公路上撞死的动物，还有死鱼——我的葡萄牙水犬最爱碰的。你也可以用"别碰"制止狗狗靠近其他狗、猫和人。你会注意到这里使用的三步法有一个特别之处，即不再用食物作引诱，也不做表示"别碰"的手势。如果你愿意，也可以使用表示"不动"或"停下"的手势，不过这没有必要。

这里只提供一种阶段，"别碰"的高级阶段在后面的三角游戏中会提到。

第一步：引导动作。手里放一块点心后攥紧拳头。把拳头放在同狗狗鼻子齐高处约 2 英寸外，握住的手指对着狗狗。狗狗会对你的拳头紧追不舍，舔来舔去，你要保持不动（见图 14.22）。90 秒内，狗狗要么会后退，把头转到别的方向，要么把头低到拳头下方。狗狗一把鼻子从你拳头上移开，哪怕只移开一英寸，立刻按响片并张开拳头让狗狗吃到点心作为奖励（见图 14.23）。以上重复十至二十次，在这之间狗狗会体会到"等一等，看马上会发生什么"。你再将拳头伸出时，狗狗会迟疑着先不上前。这个迟疑的动作也许只发生在一瞬间，但一旦发生了，就要按下响片并给点心，好好地夸一夸狗狗，狗狗因不向点心靠近而得到嘉奖。现在进入第二步。

图 14.22

图 14.23

第二步：用口令指导动作。

- 说"别碰"后，像之前那样把拳头伸到狗狗鼻子前。如果狗狗不来碰你的拳头，按下响片并给点心。重复十至十五次。
- 每次把手伸出时，降低一点高度，即离地面更近一点，直到能把手完全放在地上，覆盖手中的点心。

- 手遮着点心,说"别碰",如果狗狗不过来碰它,让狗狗吃到点心作为奖励。狗狗达到80%的成功率后,进入下一步。

- 把点心放在地上,仍然用手盖住。说"别碰",然后把手拿开露出点心。手放在离点心很近的位置,这样一来,如果狗狗试图抓走点心,你可以很快地把它拿走,再进行下一次尝试。如果狗狗待在原地没有动,就算保持了一秒,也要按响片,夸一夸,并给它食物作为奖励。逐渐把露出点心的时间增加到2秒钟、3秒钟,以此类推。狗狗能够连着10秒不去碰食物时,进入下一步。

- 说"别碰"后松手,让点心从距狗狗2英尺远、离地面2英寸高处落地上(注意,不是特意把点心放在地上)。数1秒钟,按响片,夸一夸,让狗狗吃到掉在地上的点心作为奖励。逐渐延长时间,直到狗狗能在点心掉落10秒后都保持不动。

- 接下来,增加你和狗狗之间的距离。说"别碰"后把点心落在地上,向后退一步,然后返回,按响片,夸一夸,并让狗狗吃到点心作为奖励。下一次,说"别碰"后落下点心,向后退两步再返回,以此类推。

注意:不要放狗狗自己去吃地上的点心,一定要把地上的点心捡起来后再给狗狗。等你不小心把一块食物掉在厨房地板上时,就会发现这么做是有道理的。这能让狗狗养成良好的习惯:除非你把东西给它,否则它是不会擅自去碰这个东西的。

用"别碰"解决偷食问题 "别碰"这一行为可以训练狗狗不到餐桌上或厨房洗涤槽里偷东西吃。

站在餐桌边或是厨房的洗涤槽边上,向狗狗展示某样食物。我喜欢用干酪条,因为干酪条可以放在桌子等表面,沿边缘垂下,让狗狗清楚地看见。说"别碰"后,把食物放在桌上,等1秒钟。1秒后按下响片,并给狗狗一片干酪作为奖励。重复练习,每次重复时把狗狗等待奖赏的时间增加 1 秒，直到 10 秒为止。

　　增大距离。说"别碰"后放下干酪，向后退一步再返回，按响片，给点心。下一次再向后退两步，以此类推。退到十步时，进入第三步。

　　把食物放到桌上后，说"卧倒"（你不再需要说"别碰"）。狗狗卧下后，按响片，给点心。重复十次。

　　把食物放在桌上，什么也别说，等 45 秒。在之前训练的影响下，狗狗明白它需要卧倒，即便你没有下口头指令。按响片，给点心。放下食物后从桌子旁走开，走开的距离逐渐增加，直到最后你可以把食物放在桌子上然后离开房间。和原来一样，你要返回房间，按响片，给点心。接下来，你可以去别的房间待得时间长一点，以 1 秒为起点，增加到 2 秒、3 秒，以此类推。最终，狗狗不论什么时候看见桌子上的食物，都会卧在地上等你回来，因为它知道不管你在哪儿，总是会回来给它期待已久的奖励。如果等了很久你还没回来，狗狗也知道自己走开，因为就算它一直待在那儿，也不会凭此得到额外的奖励。不论你采用这两种方式中的哪一种，都可以帮助狗狗养成这种良好的习惯。

　　注意：狗狗在没有达到"别碰"这一行为的可靠度之前，可能会爬上桌子或厨房柜台上偷食物吃。为了制止这一行为，你可以突然发出很大声音吓它一跳，让它停下来，重新回到地板上。吹口哨、摇罐头、响亮地击掌，这些都可以惊到它，只是注意别把它吓坏了！然后做三遍"别碰"的练习以提醒狗狗，如果它乖乖躺下等待，就能得到想要的食物作为奖励。在狗狗弄明白这一点之前，要采取防护和管束措施，防止狗狗偷吃东西并强化不偷食的习惯，可以用绳子拴住或使用儿童防护门栏。

三角游戏

　　想象一下：狗狗从院子里冲出去追一只松鼠，你跟着跑出去，看到松鼠飞快地从街上过去，而狗狗紧随其后。你急忙大喊大叫，"停下！""过来！""卧倒！""别碰！"，由于你长期训练有方，狗狗听到后很快就照你说的做了。那么怎样才能让狗狗这么可靠呢？三角游戏是一个按部就班的训练项目，可以帮助你达到特别阶段的控制程度。三角游戏由以下这些行为组成："卧倒""不动""别碰""随叫随到""找东西"，它是每个行为取得高度可靠性的最直接、最简单的方法之一，同时对狗狗来说也是一个充满趣味的游戏。

我建议你读完所有的步骤后再进行实际尝试。一旦理解了原理，操作起来就会十分方便。要特别注意我在距离上提出的建议。你越能做到坚持统一，狗狗就学得越快。如果你对上述的个别行为有疑问，重温一下相关部分。

三角游戏——初级阶段

在尝试三角游戏之前，狗狗必须熟练掌握"别碰"这一行为，到什么程度呢？就是你让食物落在地上后，狗狗最少能保持10秒钟不动。

狗狗在"三角"的一个点上，点心放在另一个点上，你在第三个点上。你可以坐在地上或是椅子上进行教学。

1. 命令狗狗坐下或卧倒并保持不动。
2. 说"别碰"后把点心放在你边上，离狗狗约3英尺远。
3. 双手放在胸前起始位置。说"过来"后，把手从胸前移开放在狗狗头边上约2英寸处，这是为了让狗狗转过头来碰你的手，而不再盯着点心看。狗狗一转过来碰到你的目标手，立刻按下响片，对狗狗说"真棒！做得好！"或"好了"，然后放狗狗去吃点心作为奖励。你正在教狗狗学会的是，如果它先不只顾着食物，而是转过身来到你身边，这样并且也只有这样，它才能得到你的允许，过去取地上想要的东西。

这和之前的"别碰"练习之间最大的区别是，在这个练习中，狗狗通过得到你的允许，自己去吃点心。而在之前的练习中，如果狗狗保持不动，你会把点心捡起来作为奖励给它。现在的情况是，如果狗狗优先来到你身边而不去管放在地上的点心,就会在得到你的许可后自己奖赏自己。

4. 重复以上练习。命令狗狗坐下或卧倒并保持不动,把食物放在你边上,距离狗狗约3英尺远。双手放在胸前起始位置,说"过来"后把手从胸前移开,放到离狗狗鼻子1英寸远处。如果狗狗碰到你的手,按响片,夸一夸,让它自己去吃点心作为奖励。下一次,把手放到离狗狗鼻子4英寸远处,再到5英寸,以此类推。每次成功后,按响片,夸一夸,让狗狗自己去吃点心作为奖励。

5. 最终达到这一程度:你的目标手离地上的点心尽可能地远,放在身体另一侧。这就是三角。

当狗狗能够接连三次做完练习后,再增加一项难度,即站起来对狗狗进行训练。

三角游戏——初中级阶段

命令狗狗坐下或卧倒,说"别碰"后让手中的点心落到地上,距离狗狗约6英尺远。你站到"三角"的另一个点上,距狗狗和点心都有6英尺远,形成等边三角形,并让狗狗保持不动(见图14.24)。

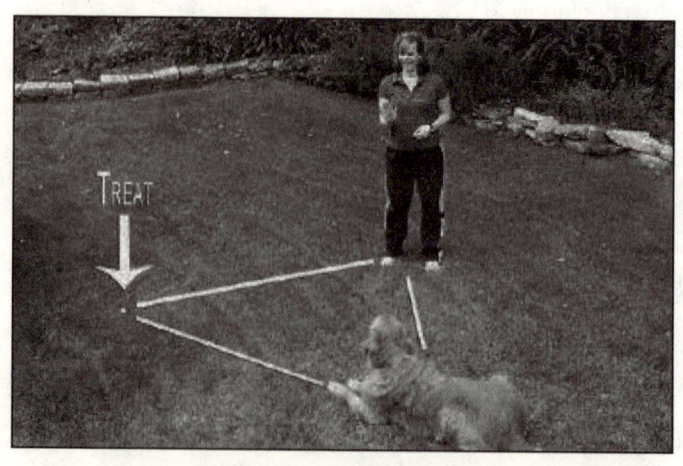

图 14.24

双手置于胸前起始位置，说"过来"后做出相应的手势，即一只手从胸前放到一侧，掌心朝向狗狗。如果狗狗过来碰到你的手，按响片，夸一夸，让狗狗自己去吃点心作为奖励。以上重复十次。

提示

- 如果狗狗没有过来碰你的手，而是开始朝点心走去，很快地跨到狗狗和点心之间，对狗狗说"啊哦"，表示它做得不对。再做一次尝试。这一次，不要站在离狗狗6英尺远处，沿着"三角"同一条边把这个距离缩短到3英尺。如果3英尺仍然不行，狗狗还是要去吃点心，那就离狗狗再近一点，变为2英尺或1英尺。换言之，找到一个合适的距离，在这个距离处，狗狗终于能够过来碰你的手。以这次成功为基础，逐渐把距离增加到6英尺，并且你、狗狗和点心的落点刚好形成一个等边三角形。
- 下令让狗狗"过来"，用离点心较远的那一侧手做出相应手势。如果你用离点心较近的那只手发出"过来"的指令，狗狗更容易为食物所吸引，转而去吃点心。

三角游戏——中级阶段

当狗狗能够不负所望地从6英尺远处来到你跟前时，你可以把地上的点心移向你和狗狗间的中心处。

命令狗狗坐下或卧倒并保持不动。

说"别碰"后，让手中的点心下落，下落点与原来相比，离你和狗狗之间的中心点又近了约12英寸。

双手放在胸前起始位置。

说"过来"后，像之前那样把目标手伸出。

如果狗狗来到你跟前触碰你的手，按响片，夸一夸，让狗狗自己去吃点心作为奖励。

现在再把地上的点心移近中心点12英寸，重复上面的步骤。每次狗狗成功过来触碰到你的手后，就把点心再移得近一点，直到点心落在你和狗狗之间的直线上。此时你和狗狗面对面，点心在你们正中间的位置上，距离你有3英尺，距离狗狗也有3英尺。当你说"过来"后，狗狗应该绕过点心，来到你面前碰你的手，然后得到允许去吃食物。以上重复十次。

三角游戏——高级阶段

命令狗狗坐下或卧倒并保持不动。

说"别碰"后，松开手，让手中的点心落在距离狗狗12英尺远处。

走到狗狗身后，站在3英尺远处。

双手放在胸前起始位置。

说"过来"后，像之前那样伸出目标手。

如果狗狗转过身并来到你跟前碰你的手，按响片，夸一夸，让狗狗自己去吃点心作为奖励。以上重复五至十次。

每次成功后，把点心放得再离狗狗近一点，以12英寸为单位。你最终的目标是，点心放在狗狗爪子旁，狗狗在听到你的呼唤后对点心视而不见。

提示：如果狗狗没有向你走来，而是去吃食物，可以用绳子把狗狗拴住，以避免这种情况。

三角游戏——特级阶段

命令狗狗坐下或卧倒并保持不动。

说"别碰"后松开手，让点心下落在距离狗狗前方约12英尺远处。

走到狗狗身后，站在3英尺远外。

双手放在胸前起始位置。

对狗狗说"找到它！"，当狗狗起身向点心跑去时，立刻说"过来"，然后像之前那样伸出目标手，如果狗狗转过身来到你跟前触碰你的手，按响片，夸一夸，让狗狗自己去吃点心作为奖励（见图14.25）。以上重复五至十次。在这样的练习中，你打断狗狗的运动状态，让它转过身来到你跟前。你要在狗狗起身后立刻说"过来"，而不是等它跑得满头大汗时再说，这是因为狗狗一旦跑起来就很难转身了。还有，离得越近，食物就越发具有诱惑力，对狗狗来说就更难转身了。要在每次成功的基础上一点一点增加难度，循序渐进。必要时，可以用绳子把狗狗拴住，不让它朝食物方向跑去。

图 14.25

重复上面的步骤，每一次都让狗狗再多跑一会儿，离点心更近一点儿，然后再唤它过来。

现在准备一只飞盘或是电动老鼠，这些都是广告中经常出现的宠物玩具。把飞盘扔出去，或是让电动老鼠经过狗狗身边，对狗狗说"快去拿"，正当狗狗要去追的时候，唤狗狗过来。狗狗返回你身边时，按响片，给点心。这对狗狗来说是一个巨大的考验。如果狗狗能够成功做到这一点，你的目标就快实现了。如果狗狗暂时还不能做到，回到它成功应对的上一阶段。

最后一步，带狗狗去公园，公园里充满了各种引起分心的干扰，比如有松鼠和兔子，就在这样的环境中训练。如果狗狗正追着一只松鼠，你一喊它,它能立马停下跑到你面前,那么恭喜你!你可以自己出一本训狗的书啦!

三角游戏特级阶段的第五步,你站在狗狗身后,用放在它前面的点心引它向前,当它开始走时,说"过来"。记得每次重复练习后都要按响片,夸一夸,给点心。渐渐地,在唤它之前让它越跑越远,速度越来越快。

遇到问题了?

由于你反复让狗狗转身到你跟前来,然后才让它去吃点心,某次之后,可能你会发现狗狗在你说完"找到它"后并没有动身,只是站在那儿。如果出现这样的情况,扔出飞盘或球后让狗狗去追,不要再打断它。重复十次,然后通过随机强化模式将两种行为结合起来。十次中,随机选择三次中断狗狗追飞盘或球的动作,唤它到你跟前来;另外七次,让狗狗不受打扰地去追飞盘或球。

衔住和放下

我的狗狗莫莉现在退休了,它曾经和我一起参与了小学里一个名为"手拉手"的项目,我们教孩子们对待动物和人时要遵循友善、尊重和责任感的基本原则。项目的重点之一是莫莉经常做的一个小把戏,用到了"衔住"和"放下"这两个动作。我让孩子们请莫莉"接电话",莫莉照做了,用嘴巴衔住听筒。就在这时,我告诉它这是收款机,它郑重其事地把电话听筒扔到垃圾桶里去了。这个小把戏在人群中非常受欢迎。不仅如此,服务犬[①]在帮助残障人士捡东西、接电话、开门等其他日常活动时都会用到"衔住"和"放下"。

训练这两种动作时有几种方法,要是一一详述,可能要占用整整一

[①] 服务犬:经过特别训练的狗,用来帮助残障人士的日常事务,如从地板捡起东西。——译者注

章呢。不过，我下面要介绍的这种方法和其他方法一样好，甚至比它们更好。有的狗狗学起来非常快，尤其是对找回猎物的猎狗来说，所以这也证明了正确判断狗狗的学习起点是很重要的。一定要在狗狗能力所及之处开始训练，在成功的基础上安排进程。

衔住——初级阶段

我把衔住和放下当成一个动作的两个部分。"衔住"先教，等到狗狗可以用嘴衔着物体维持三秒以上后，可以教"放下"的初级及中级阶段。

第一步中引导动作（用食物引诱），第二步中加入口令，这两步放在一起是因为狗狗会立刻做出回应并触碰物体（没有针对这一行为的手势）。

第一步和第二步：用食物（引诱）引导动作，给动作加上口令。

在目标物体上涂抹食物比如火鸡块，这个你想让狗狗衔起的目标物体可以是铅笔、手套、球、钞票等。把物体拿在手中，放在离狗狗鼻子一英寸远处，嘴里同时说"衔住"。当狗狗走向前来仔细查看这个物体并用鼻子触碰它时，按响片，夸一夸，并用丰盛的点心作为奖励。以上重复五至十次。当你一把物体拿出放在狗狗面前，狗狗就会来触碰它时，在接下来的训练中逐步减少物体和地面的距离，每次降低一英寸。当你的手完全接触地面后，进入第三步。达到这一点可能需要多天的训练，每天要练习几次。这时候的狗狗实际上并没有把物体"衔住"，它只是用鼻子去碰触物体。不过有的狗狗也可能会立刻衔起物体，完成目标。

第三步：单独使用口令，没有手势。把物体放在地板上，对狗狗说"衔住"。当狗狗触碰物体时，不要像第一步和第二步里那样给它奖赏。等一等，看看它会不会舔物体。狗狗开始舔时，按响片，夸一夸，给点心。以上重复五至十次。现在的情况是这样的：这个物体已经成为目标，正如你教狗狗"过来"这个动作时它必须触碰到你的手的原理是一样的。在这种情况下，狗狗的确碰到了物体，却没有因此而受到奖励，它会试图弄明白为什么没有奖励呢。狗狗基本上是这么想的："等等，我们不是说好了吗！每次我碰到这个东西时，你就该给我奖励呀，好吧，看我的！"于是狗狗自然而然地加大动作幅度，对着物体又舔又拱又咬。你等的就是这一刻，就是这种大幅度的激烈动作才是你要奖励的。重复五至十次，每次都要等狗狗做出舔咬、推拱等大幅度动作后再给奖励。接下来的几天里每天都要练习几次，好让狗狗完全弄懂你的用意所在。

第四步：逐步升级。

- 把物体放在地上，说"衔住"，等狗狗过去用嘴叼起物体。哪怕只维持了一秒钟，也要不惜赞美之词夸奖狗狗，按下响片后用点心奖励它。
- 把物体放在地上，狗狗衔住后，让它坚持一会儿、再一会儿，就这样把动作时间逐渐增长，对狗狗每一次的成功都要进行奖励。增加时间的方法是通过延迟奖励，开始时延迟一秒，然后到两秒、三秒。当狗狗能把嘴里的物体衔住三秒时，进入"放下"动作的初中级阶段。

提示

- 训练"衔住"动作时，每次一定要使用相同的物体，直到狗狗在这一动作上表现得十分可靠为止，然后才能教狗狗去衔新的物体。每次使用新物体时，从第一步和第二步开始，重复上面的步骤。最终你将用不着重复所有的步骤，因为狗狗通过自己的"归纳总结"得出，原来"衔住"的对象是你指出的任何物体。有些物体狗狗衔起来不太方便，像是金属物、可乐罐和餐具。你可能要在这些物体上多花一些时间来练习第一步和第二步。
- 你可以通过在训练以外的其他时间也使用"衔住"这个词来加速训练进程。比方说，扔出一块美味的食物或是狗狗最爱的网球或那种会叫的玩偶，对狗狗说"衔住"。不断重复这个过程。狗狗很快会把"衔住"这个口令和绝佳的口感联系起来。

衔住和放下——中级阶段

现在你可以进行"放下"这部分的训练了。

第一步和第二步：用食物（引诱）引导动作，给动作加上口令。当狗狗在你说"衔住"后能够不负所望地把物体衔住三秒以上后，拿出一块非常美味的食物大奖展现在狗狗面前，同时说"放下"。狗狗把嘴里的物体松开后，让它吃到食物作为奖励。以上重复五至十次。换句话说，让狗狗把物体衔起来，再命令它把物体放下，重复这个过程。

第三步：只使用口令。当狗狗衔起物体后，让它"放下"，但这一次不要拿出任何食物给它看。如果狗狗把物体放下，按响片，夸一夸，给点心。一天中的任何时刻，每当你看见狗狗嘴里衔着东西，比如它心爱的玩具，向它展示点心并命令它把东西"放下"。这样做可以加快训练进程。狗狗把玩具放下后，一定记得把玩具再还给它。

紧急"放下"

如果遇到紧急情况时，你必须要使狗狗把嘴张开，轻轻地把一只手覆盖在狗狗的上颌或下颌，你的大拇指在其一侧，其余手指在另一侧，然后轻柔覆在臼齿处的唇部。多数狗狗感到口腔皮肤接触到牙齿后都会把嘴张开。你一边这么做，一边对狗狗说"放下"。即使狗狗是不得已被迫松口，你也要奖励它。不要使用强力，动作要轻巧，以免伤了狗狗。

第15章　亲宠互动小把戏

如果你抱着寓教于乐的心态，训练就会取得非常好的成效。训狗师给各种小把戏取了不同的名字。比如，"端坐"被称为"乞讨""做（坐）得成功""土拨鼠""装死"被叫做"睡觉""放松""抓到你啦"。名字没有特别的讲究，所以你可以尽情选取自己喜欢的名字命名。

教狗狗学习新的技能既可以增长狗狗的本领，也可增进你们之间的感情。通过各种技巧的学习，狗狗的抗压能力得到提升，能以更好的心态迎接今后生活中的各种挑战。你一定也知道，你对狗狗的态度同你对自己、对他人的态度紧密相连，因此，在狗狗收获益处的同时，你也受益匪浅。各种小把戏都有各自的实际用处。教学方法也有多种：

诱导游戏：使用诱导游戏时，你只需要等狗狗做出你期待的动作后，按响片，夸一夸，给点心。我用诱导游戏教我的葡萄牙水犬莫莉根据要求打喷嚏，每当它打喷嚏时，我就立刻夸它、奖励它，然后加上口令"阿嚏！"，它会乖乖地表演打喷嚏。

"塑造"行为：另一种技能教学法是去"塑造"这个行为，通过肢体操控让狗狗处于目标中的姿势，狗狗完成动作后，立刻奖励它。我教"握手"时用的就是这种方法。

"养成"行为：行为的养成按照循序渐进的步骤，即通过一连串近似动作逐渐接近目标。狗狗每一次完成与目标接近的动作，就是一次成功，这些成功加在一块，最终会达到理想状态。教狗狗"装死"是养成行为的典型例子。

引诱：本书所教的所有动作行为都是通过引诱和前面提到的诱导游戏获得的。通过引诱，不用接触狗狗就能让它完成动作，比如狗狗在食物的诱使下卧倒或是来到你面前。

如果某种方法对你和狗狗不管用，换另一种再进行尝试，总能找到一款适合的训练方法。

教狗狗下面的这些小把戏时，记得安全第一，寓教于乐。祝你和狗狗玩得玩心，身体倍儿棒！

"端坐"，又称为"乞讨""做（坐）得成功""土拨鼠"

注意：这项技巧不适合大型狗狗练习以及背部不强壮甚至出现病变的狗狗。

实际用途：能够增强自信，改善性情，这是因为身体平衡有助于建立情绪上的平衡感。

这项小把戏教起来十分容易，通过循序渐进的步骤（逐步训练）教狗狗屁股坐在地上、前肢腾空时保持平衡。有些狗狗学起来非常快，这样的话，你就可以省去这些步骤。

第一步：使用食物（引诱）和手势引导动作。

- 面对狗狗，命令它坐下。
- 把点心举在它鼻子上方，让它恰好能够一抬头就够着。端坐的手势和表示坐立的手势相似，都是把手放在狗狗头部正上方。区别是，在引导端坐时，先把手放在离狗狗头顶不超过一英寸的位置，然后手再向上方移动一英寸。狗狗去吃点心时，按响片，夸一夸，给奖赏。
- 把点心举得再高一点儿。当狗狗努力伸头向上时，你会发现它开始用后肢足趾支撑身体。狗狗吃到点心后，按响片，夸一夸。如果发现狗狗屁股离开地面了，把点心拿走，下一次再把手举低一点儿。

- 把点心再放高一点儿,高到狗狗为了吃到点心不得不把一只爪子(或两只爪子)从地面上抬起来,即便只有一秒。按响片,夸一夸,给点心。
- 像上一步那样,把点心举在狗狗鼻子上方相同的位置,然后保持一段时间,让狗狗把前肢抬得再高一点并开始试着维持身体平衡。按响片,夸一夸,给点心。

注意:如果点心放的位置过高,狗狗会操之过急,使屁股离开地面;位置过前,狗狗没法保持平衡;位置过后,它很可能会向后翻倒。我喜欢把点心放在离狗狗鼻子上方约半英寸处,然后再把它同时上移、后移 0.8 英寸左右。

- 将点心放在狗狗头上方后继续延长等待时间,让狗狗找到它的平衡点(见图 15.1)。

图 15.1

第二步：手势和口令结合使用。

- 根据自己的选择，给这个小把戏取个名字，从"端坐""乞讨""做（坐）得成功""土拨鼠"中任选一个，做手势的时候说出来。重复练习五至十次，每次都要给狗狗奖赏。

第三步：只说口令，不做手势。

- 说出你选的那个词后，给狗狗45秒的反应时间。成功后给奖励，如果无法做到，回到之前的那一步重新开始。

训练"端坐"时，把点心放在狗狗头上方位置，让狗狗找到自己的平衡点。逐渐增长端坐时间。

"装死"，又称为"睡觉""放松""抓到你啦"

实际用途：教狗狗学会放松，培养信任感。

第一步：用食物（引诱）和手势引导动作。面对狗狗，命令它卧下。训练这个动作时，狗狗的卧姿也是有讲究的，它的髋部必须朝向一边。如果狗狗不是这样做的，你可以：

- 等它自己这么做。
- 把它的髋部推到一边，动作要温柔轻巧，像和它闹着玩儿似的。
- 用手里的点心吸引它向一侧蜷起。点心先是放在它鼻子附近，然后从它身体一侧绕过，形成一个小半圈，为了吃到点心，它不得不跟着转动头和肩膀。于是表示"装死"的手势就是你刚才手的动作。当狗狗转过来把髋部移到一侧时，按下响片，松开点心。

狗狗的卧姿达到标准后，接下来的步骤是：

- 把手从狗狗鼻子前移到一侧，朝鼻子中后部移动四分之一左右。

按响片，夸一夸，给点心（见图15.2）。

图15.2

🦴 把手移到距离狗狗鼻子中后部再近一点的位置，按响片，夸一夸，给点心。重复这一过程，移动的距离每次增加半英寸，直到你离碰到狗狗背部只有6英寸的距离。这时你应该能注意到，狗狗与髋部摆放位置反向的那只肩膀（接触地面的那只）处于更加放松的状态。现在把点心从当前的位置按照直线往下移，点心保持在狗狗鼻子上方。狗狗的头会追随食物越来越低，最终倒在地上（见图15.3）。按响片，夸一夸，给点心。以上重复十次。

图15.3

第二步：口令和手势结合使用。假设你选的名称是"抓到你啦！"，说出口令，同时把点心从狗狗鼻子前向后移，然后按照一条直线向下移动，让狗狗一直跟着食物的移动轨迹最后把头枕在地上，如第一步中所述。狗狗把头放在地上后，按响片，夸一夸，给点心。以上重复五至十次。在第二步训练中，有些时候狗狗可能不像原来那样一下子卧下去，而是迟疑了一两秒，处于放松姿势，或是把头抬起来。对这样的表现给予大量点心奖励，然后进入第三步。

第三步：只说口令，不做手势。双手放在胸前起始位置，说"抓到你啦！"，当然也可以是别的词。给狗狗45秒的反应时间。如果狗狗稍微动了一点，好像在询问你"我做得对吗？"，按响片，夸一夸，给点心。每一次尝试，只要狗狗离最终的目标姿势又近了一点，都要给奖励。最后，当你说出口令"抓到你啦！"，狗狗能够完全放松地躺在一侧，头和身体都在地上，这时加上口令"不动"，让狗狗保持这样的姿势。以一秒作为起点，狗狗保持一秒不动后，按响片，夸一夸，给点心。然后把时间增至两秒、三秒，以此类推。

为了练习"装死"动作，让狗狗侧卧，手从狗狗鼻子前朝中后部移四分之一距离，按响片，夸一夸，给点心。

把点心按直线向下移动，保持在狗狗鼻子上方，一直移到地面上。随着食物的运动轨迹，狗狗的头也跟着枕在地上。

遇到问题了？

- 狗狗侧卧时髋部放在哪一边，就让它往哪一边躺倒表演"装死"。不要和狗狗拧着来，不要明明它习惯用这一边，你非要让它用另一边。

- 摆好你自己的姿势，拿点心的手和胳膊不要挡到狗狗的脸。如果狗狗开始侧卧时髋部在左侧，你就用左手；如果开始时髋部在右侧，你就用右手。

- 如果狗狗不愿意把肩向一侧蜷，并在你的手往后移动时站起身来，或是它的腿就像生了根似的，怎么也不愿转向一侧，你就需要通过极其细微的步骤一点点向目标靠近：狗狗把头转过约两英寸时，按响片，夸一夸，给点心。下一次当狗狗把头转过三英寸时、四英寸时……以此类推。当你确定狗狗不会再有更进一步的动作后，让它以这个姿势重复五至十次，每次都要按响片，夸一夸，给点心，然后结束训练。下次训练时，继续做同样的练习。经过三天的训练，你会发现每次狗狗都比上一次更加放松，直到最后能够顺利完成动作。

- 在训练的间隔期间，当你看到狗狗卧在一侧休息时，走过去抚摸它，温柔地和它说话，它的身体会自动记下这些美好的经历，这有助于你的训练。
- 在狗狗稍微感到疲倦和放松的时候做这个练习。

"转圈"，又称为"旋转"

注意：下面给出的是左旋转步骤。练习右旋转时，换个方向，使用相同的方法。

第一步： 用食物（引诱）和手势引导动作。和狗狗面对面站着，左手拿点心，放在离狗狗鼻子前方不超过两英寸处。手向左侧移动，形成一个圈，让狗狗跟着手的动作转动头和身体。手臂顺着一个完整的圆圈转过360度，转动时的手保持与狗狗鼻子齐平。于是手在狗狗头上划一个圆圈的动作就成了代表"转圈"这个行为的信号。转完一圈后，按响片，夸一夸，给点心，见图15.4-15.7。以上重复五至十次。

第二步： 口令和手势结合使用。引导狗狗转圈时，嘴里同时说"左转圈"或"左旋转"（加重"左"这个词）。重复五至十次练习，每次转完一整圈后，都要按响片，夸一夸，给点心。

第15章 亲宠互动·把戏 215

图 15.4

图 15.5

图 15.6

图 15.7

第三步：只说口令，不做手势。双手放在胸前起始位置，说"左转圈"后，给狗狗 45 秒的反应时间。如果狗狗做出轻微的尝试，就像在询问你"是这样没错吗？"，按响片，夸一夸，给点心。如果狗狗只是呆站着，或者闷闷不乐地走开，回到上一步重新开始。

提示

诸如"旋转"等类似需要狗狗运动的练习，你的参与态度能起很大作用。如果你看上去兴致勃勃，那么狗狗也会感到其乐无穷。所以，在狗狗烦闷不堪的时候，想办法乐一乐吧！手舞足蹈地发出各种声音，如亲吻声和嚎叫声；假装吃给狗狗准备的点心，用夸张的声音说"嗯嗯……看我有好吃的！"；突然趴在地上，假装发现了好玩的东西；用网球等其他狗狗喜欢的玩具提起他的兴趣。

握手，击掌，摆手

这几个动作差别不大，实质是一样的，下面将按顺序讲解。

实际用途：这些动作可以帮助狗狗消除面对兽医和宠物美容师时的紧张和敏感，尤其是在别人给狗狗剪指甲时。

可以通过诱导游戏把这种行为"捕捉"到。某些狗狗，比如拳师狗[①]，天生喜欢用爪子碰你来博得注意力，所以当你恰好看见狗狗举起爪子时，按响片，夸一夸，给点心，促使狗狗经常做这个动作。如果你"抓到"狗狗举爪子的次数足够多，可以加入表示"握手"的信号，因为这个时候你已经 80% 确信狗狗会把爪子举起来。我运用塑造法教狗狗"握手"。

握手第一步：用食物（引诱）和手势引导动作。面对狗狗，命令它坐下。一手拿住点心，放在狗狗嘴边，必要的话可以让它啃食。这是为了

---

① 拳师狗：原产自德的一种中等大小的短毛狗，长有棕色毛和短吻、方颚。——译者注

让狗狗的注意力集中，不会被你的另一只手所干扰，同时形成积极联想，让它对爪子受到触碰产生好感。趁着狗狗啃食点心的工夫，用另一只手去握它的爪子。轻轻地把狗狗的爪子从地上抬起，同时松开手中的点心。于是表示"握手"的信号就是把手伸向狗狗做出准备握手的姿势。以上重复十至十五次。

图 15.8

第二步：口令和手势结合使用。重复第一步，不过在把狗狗爪子抬起的同时，说"握手"这个词。

第三步：只说口令，不做手势（手的动作有一些轻微的变化）。一只手放在胸前起始位置，伸出另一只手，做出好像要从地上拾起狗狗爪子的动作，但不要真去抓它的爪子。然后说"握手"，给狗狗45秒的反应时间。如果狗狗做出轻微的尝试，像是在询问"我做得对吗？"，并把爪子从地上稍微抬起一点儿，哪怕这看上去只是换个姿势把重心移到另一只脚上，你都要按响片，夸一夸，给点心。重复这一过程。经过重复练习，狗狗的爪子越抬越高。当狗狗终于把爪子放到你手中时，按下响片并夸奖它，同时一次性给它平时奖励的五到十倍作为重赏。

提示

- 如果狗狗单单坐着或卧倒，没有任何回应，那么回到上一步重新开始。这个动作也许需要三个训练期才能完成，不要操之过急。
- 你可以尝试和狗狗另外一只爪子握手。虽然还未经证实狗是否像人一样存在"左撇子"和"右撇子"现象，但很多狗狗都表现出对某一只爪子的偏爱。
- 观察狗狗，如果它在不经你要求的情况下自己抬起爪子，记得夸它、奖励它。

击掌 当狗狗成功完成握手动作的可靠度达到 80% 后，可以教它"击掌"。向狗狗伸出手，好像准备同它握手，但在狗狗举起爪子时说"击掌"，然后很快翻转手面，手心朝向狗狗，五指伸直。狗狗为了碰到你张开的手，自然会多使点儿劲。这就成啦！

图 15.9

摆手 当狗狗习惯了"击掌"动作使用的力度后，你可以教它"摆手"

动作。伸出手来,好像准备同狗狗击掌一样。当狗狗举起爪子去碰你的手时,说"摆手",然后很快把手收回 3 到 6 英寸,并做出人们道别时的摆手动作(手前后摆动)。狗狗为了击到你的手,会把爪子向前摆动一两下,这就做了一个"摆手"的动作。按响片,夸一夸,给点心。

图 15.10

The Dog Whisperer

第四部分

问题行为：

**重视且立刻
采取措施**

第16章　找出问题行为的根源

　　从狗狗的角度看，根本不存在什么问题行为，狗狗只是在做它喜欢做的。不过站在另外的角度考虑，对某些人来说无所谓的行为可能会给其他人造成问题。比如有些人就喜欢回家后狗狗扑过来跳到他身上，有些人却不喜欢。如果狗狗的行为对自身、对环境、对其他动物和人产生伤害，你要立刻采取措施。

　　生理方面和神经方面出现的问题会对狗狗的行为产生不良影响。所以，一旦发现问题，不要急着进行你的行为改善计划，先让兽医给狗狗做一次全面细致的检查，包括血液抽样。一旦甲状腺和肝功能出现任何异常，要给予特别关注。如果确认健康问题存在，请和使用积极训练法的专业训练师或者兽医密切合作，一起解决问题。

　　攻击性行为和恐惧感通常和狗狗对触碰、声音及运动的敏感程度有关。

影响最佳健康与成长状态的九大因素失调

　　罗勒是一只三岁大的雄性德国牧羊犬，它从家里的沙发上下来，走向它的主人爱普尔，爱普尔此时正在教她一岁的小女儿走路。罗勒绕过爱普尔，没有丝毫犹豫，突然咬住婴儿的脸。当天我就得知了这个消息。我赶去的时候，罗勒被关在狗舍里，爱普尔泪流满面，她不知道能有什么办法可以保证孩子在狗身边的安全。罗勒会一直威胁到孩子的安全吗？

难道要对它实行安乐死吗？

经过调查，我总结出导致罗勒出现如此过激行为的几个原因。首先很明显的是，罗勒缺乏训练，从没有人教过它房间里有孩子时该怎么做。此外，兽医发现罗勒患有关节炎，可能受到疼痛的折磨。最后，罗勒可能一直在保护它的玩具，这个玩具藏在沙发底下，后来让爱普尔发现了。

这个故事揭示出，当影响狗狗最佳健康与成长状态的九大因素出现失调或不能得到满足时，就会引发严重问题。以罗勒为例，罗勒没有得到足够的游戏玩耍和与外界交往互动的机会，没有经过充分的运动锻炼，没有受过积极强化训练，没有喜欢的事情让它投入时间和精力。罗勒只是在展示自己的本色，在所受的教养模式下作出相应的表现。它把自己看成是房子的主人，毫不吝惜地声张自己的权威、保护自己的领地和财产。

所幸这个故事的结局很圆满。通过一家人的坚定努力和小心监管，罗勒和他们平静地生活在一起。小宝宝受的伤很浅，很快就愈合了，并没有留下疤痕。

大多数情况下，问题行为都是由于下面几种要素失调引起的。也有例外，问题行为还可能受到生理、神经方面的疾病影响。让我们来看看哪些方面可能会引起失调：

优质饮食：狗狗是否在饥饿的促使下才乱咬东西、表现不当呢？是否它的饮食中缺乏关键的营养成分呢？狗狗有时啃咬某样东西是因为身体自己判断出哪些营养不够或缺失，于是希望从别处补充这种营养成分。比如，狗狗啃草坪、吃粪便、吃猫粪，可能是因为身体缺乏某种营养，于是自发地寻找这种营养。要是草坪喷了杀虫剂、化肥，问题可就大了。狗狗经常亢奋，是否因为你常喂它的低质量狗食中含盐含糖量超标呢？狗狗是否在需要方便的时候经常"憋不住"呢？可能它吃的生牛皮骨或其他啃食的食物中盐分过高，导致狗狗不得不喝超大量的水。

玩耍、运动、交际：很多狗狗由于没有在身体上、情感上和精神上受到足够的促动和激发，从而闷闷不乐、垂头丧气。没有得到足够的运动锻炼，不能和其他狗狗或人进行交际互动，没有什么新鲜有趣的事物提起他们的兴致，这些都是狗狗厌倦烦闷的原因。

"工作"：你的狗狗有活儿可干吗？如果你没有为它提供一个可以表达情感、发泄精力的空间环境，狗狗就可能会出现乱啃乱咬、吠叫不止、乱跳等问题，它这么做只是为了让自己"有事做"。

休息：狗狗是否得到足够的休息？狗狗在精疲力尽的状态下很容易表现出暴躁、怒吼等问题。

训练：很多人觉得他们的狗就是太倔或太笨，但实际上，很多狗只是非常困惑而已，可能你只在单一的环境中进行训练，没有尝试多种不同的训练环境；也可能狗狗在你多次命令后，却仍然没能成功完成动作。

安静时间：狗狗有自己的小角落让它美美地享受"远离一切尘嚣"、只属于自己的安静时光吗？也许它又跳又咬只是为了释放压力。

卫生保健：狗狗乱咬东西是否是由身体健康问题导致的？

无意识训练

即使你在训练过程中谨慎又用心，还是会出现某些状况，狗狗的行为可能与你的用意大相径庭。很多情况下，你对问题行为的产生有着不可推卸的第一责任。

比方说，7月4日①这一天烟火齐鸣或是夏日暴风雨电闪雷鸣把狗狗吓坏了，狗狗不安地走来走去，浑身紧张地颤抖，于是你过去抚慰它。当烟火或雷电作响时，你可能会抚摸着狗狗，轻声说："没事的，本杰。你会好好的，你真乖。"这时你可能在无意中让狗狗认为你的夸奖抚慰是对当前行为的奖励。换句话说，你力图阻止的这种行为一不小心反而成

① 7月4日为美国独立纪念日。——译者注

了你鼓励促进的对象。

再比方说，你正在讲电话，狗狗在一旁叫个不停，希望引起你的注意。你大概会停下来冲狗狗大喊"安静点！"，于是你又犯了同样的错误。狗狗就是想要通过叫声得到你的关注，而你让它如愿以偿，实际上是在奖励这种让你不满的行为。

关于不相关、无意识训练还有一个非常典型的例子，即当狗狗在街道上追赶松鼠时大吼"过来"。如果你总是在狗狗从你身边跑走的时候呼唤它"过来"，它可能会把"过来"的方向弄反，谁让它老是在跑开而不是向你跑来时听到这个词呢。为了保证你的口令和训练目标一致，除非你有80%的把握狗狗会按照你说的做，否则不要使用口令。

记住强化训练的规则，即狗狗的行为根据你对此行为的回应得到巩固或削弱。换句话说，在上面列举的例子中，你原本意图制止狗狗的某些行为，但你的所作所为恰恰对这些行为起了强化作用。在狗狗发抖时轻声安慰它可能会强化这种紧张感；在狗狗吠叫不止时给它想要的关注，不管是消极的还是积极的，可能会让它叫得更厉害。不要一味地有所反应，而要适当作出回应，就像我们在第一章里讨论的那样。

考虑如何应付狗狗的问题行为时，试着从狗狗的角度出发。脑海中快速记下问题行为出现时的情况，留心周围的人和事对狗狗潜移默化的影响，环境变换是最值得考虑的因素。为了改善修正狗狗的行为，可以从以下几步开始：

暂且从当前的状况中抽出身来，停下来想一想（除非你和狗狗遇到危险，或是身处的环境有危险）。

做三次完整的呼吸练习。

不要问自己"我不想要我的狗做什么"，而要问"我想要我的狗做什么"，把你的目标写下来。

回顾一下第12章提到的训狗工具，选择一两样你认为对目前情况有用的。

列一个大致计划,安排一下你即将采取的措施步骤,为实施计划创造适宜的环境。

做练习。

查看训练结果,对自己的行动作适当调整。如果你不知道怎么做,去找使用非暴力训练方式的训狗师上上课吧。

攻击性行为:如果你的狗表现出攻击性行为,你需要咨询动物行为方面的专业人士;为了花时间解决这个问题,你需要对原来的生活常规进行全面调整。一旦发现攻击性行为,应当予以重视并立刻采取措施。不管不顾的后果是非常严重的,包括导致受伤、财产损失等。攻击性行为和其他严重行为问题的治疗不在本书的探讨范围内。

第17章 解决问题行为的小窍门

本章为狗狗出现的问题行为提供了相应的解决方法。有一个窍门：不断尝试一种或多种训练工具，一种不行，再换另一种，直到找到最管用的那一种。

吠叫

狗狗吠叫不止时，尝试以下选择：

直接忽视。很多行为在得不到强化后会自行消失。

教会狗狗某种替代行为，比如"安静"。首先，用声音或动作转移狗狗的注意力，然后给出表示"安静"的信号。

站起身来，四处走走。当狗狗朝你看时，哪怕只是瞥了你一眼，都给它奖励。

在狗狗听到其他狗叫时给它点心，对引起狗狗吠叫的刺激因素形成对抗性条件作用。例如，当狗狗朝着另一只狗叫个不停时，把狗狗引开适当距离后，给它吃点心。记住，经典条件作用胜于操作性条件反射，如果狗狗在看见或听见刺激之时吃到点心，你并不是在奖励狗狗吠叫的行为，而是在改变它对引起吠叫之物的感觉。

确认狗狗是否排泄适当。也许狗狗承受的压力过大，如果狗狗需要排泄却得不到机会，压力就更大了。帮助狗狗减轻这方面的压力，可以让它行动起来更轻松舒适，更好地应对其他压力。

找出触发狗狗吠叫的原因，比如经过的快递员、乘着滑板的小孩，通过替代行为重新引导狗狗的注意力，比如让它到床上去躺着。

把引发狗狗吠叫的事物挡在它视线之外。

在狗狗的口腔顶抹一点花生酱或焦糖。

紧紧地抱住狗狗，但动作要温柔，直到狗狗安静下来为止。狗狗的肌肉放松下来一点后，松开它，说"好了"或其他表示松开的词。

餐桌边乞食

解决乞食的办法是教狗狗去目标地待着。在狗狗学会这一行为之前采用防护和管束措施，把它拴住，不让它到餐桌边去。不论狗狗在目标地还是被拴着，给它一点耐嚼的东西，像鸡肉条、牛肉棒，还有内有填充点心的橡胶玩具。

冲出门外

如果狗狗喜欢夺门而去，解决这个问题时请格外小心，要采取一定的预防措施，安全永远摆在第一位。请尝试以下方法：

把狗狗怀抱在胸前，让它安静下来：一只手稳稳地、但不是粗暴地环绕狗狗身后，另一只手抱住狗狗的头。注意一下，大拇指放在狗狗耳朵里侧，其余手指放在耳朵另一侧。

方法1："门扇"法 一开始什么也别说，把门打开约2英寸，让狗狗以为它可以出去了。由于门没有全开，狗狗不得不又退了回来，也许还在附近徘徊了几步。当狗狗向后退去的时候，把门再开得大一点。狗狗已经跃跃欲试，准备好冲出去了，但当它朝门口跑去时，你很快又把门往里合上2英寸。重复这一过程，一遍又一遍后，狗狗终于放弃了，坐在地上。这时你对狗狗说"好了"，然后把门敞开（如果你的院子不是那种封闭式的，做这个练习时请把狗狗拴好）。关门的时候千万小心，别夹到狗狗的鼻子！

渐渐地，把门打开后，命令狗狗待在原地不动。你自己先出一下门，然后很快返回，对狗狗说"好了"。

再进一步，一直走出去走完整个私人车道[①]，在此期间，让狗狗待在原地保持不动。然后返回狗狗身边说"好了"，示意它可以离开了。

方法 2：用"去目标地待着"作为替代行为

啃咬

不论面对什么样的问题行为，首先要做的就是回顾一下第 2 章中的九种要素，判断一下你如何更好地满足或平衡这些要素。这一点在啃咬的行为中尤其明显。狗狗基本上什么都啃，家具、墙上的洞、电线、球棍、衣物等等。教会狗狗哪些东西、哪些地方可以咬，不仅能保护你的财物安全，也能让狗狗远离危险。尝试下面给出的一种或多种方法解决啃咬问题。

每天安排两次 15 到 30 分钟陪狗狗玩耍、带狗狗运动和交际的珍贵时光。生理和心理上受到充分激发的狗狗不需要通过别的途径排遣烦闷、发泄情绪，因此给家里人造成问题的可能性大大减少。和狗狗一起跑步，带它做取飞盘、捉迷藏、找东西的游戏；训练狗狗做各种动作：坐下、卧倒、站立、保持不动、随叫随到；教狗狗各项技能，比如端坐、滚动、装死、接电话。

规定一些属于"合法"范围的啃咬对象，比如磨牙骨头、牛肉棒、鸡肉条、填塞点心的橡胶玩具等。

教狗狗"别碰"：在地板中间放一些物体，当狗狗一一对这些物体进

[①] 私人车道：连接房子、车库或其他建筑物与街道间的私人车道。——译者注

行"检查"时，你要指出物体的"可咬性"。看到狗狗想要咬时，马上用"别碰"的口令打断它，然后按响片，夸一夸，并用"合法"的耐嚼物奖励它。

使用替代行为分散狗狗的注意力，比如让它去床上躺着。

为制止狗狗某项行为进行的训练中，最重要的是创造一个有助于成功的适宜环境。把不能啃咬的物体收起来，放在狗狗接触不到的地方，让它一开始就没有犯错的机会；使用绳子、儿童安全门栏、狗舍等管束措施，防止狗狗忍不住咬了不该咬的东西。

室内排泄训练

教幼犬何时何地方便，需严格遵循一套规则。

1. 规定一个时间表。约三个月大的小狗一天需要方便 8 到 10 次，时间表内容如下：

- 你早晨起床第一件事。
- 每次进食 15 到 30 分钟后。
- 玩耍或其他激烈运动后。
- 你下班或放学回家后。
- 傍晚时分。
- 要上床前。
- 夜间（如果需要的话）。

2. 每次都要带狗狗去相同的地点方便。

3. 用口令标示排泄行为。比如，用友善的声音鼓励狗狗去方便，说"快去""去外面""嘘嘘"等。狗狗完事后，夸奖并用点心奖励它。

4. 控制好环境。让狗狗待在狗舍里或用绳子把狗狗拴住，不让它有犯错的机会。如果要拴，一定拴在家里的公用场所，千万不要把狗狗单独拴在一个角落里。你也可以把拴狗的绳子系自己腰上。

图 17.1

5. 控制好排泄时间。给狗狗 10 分钟的时间，如果狗狗在规定的时间内没有排泄，带它回去，让它进到狗舍里，或拴住它。15 分钟后再带它出去。

6. 记住"1 秒钟法则"。如果狗狗在地毯上撒尿后过 3 秒你才进屋，它就不认为你的责骂是针对它这种行为的，所以别骂它，骂了也没用。如果你正好逮着它在"做坏事"，大呼小叫一番，让它吓一跳，但不要恐吓它。大声喊道"哦，老天啊"，然后跑到它跟前。你的目的是在不把它吓坏的前提下制止它当前的不当行为。把它抱到外面，或是引它到外面去，一路上大声说"噢，天哪，天哪"。一旦到外面后，表现出如释重负的样子，身体和声音都放松下来，然后用"到外面去""快点"之类的话鼓励它。

7. 过了晚上 8 点后，不要给狗狗喝水、吃东西。可以留几个小方冰块给它。

8. 虽然有些约八周大的幼犬可以整夜"憋住"不上厕所，但很多还是需要在夜间排泄的，所以你需要夜里定好闹钟带它出去。每只狗狗的具体排泄需求情况不尽相同，不过对于八周或八周以上的狗狗，可以有一些规律可循。如果狗狗不到三个月大，每隔四到五小时带它出去一次。这就意味着如果睡觉在晚上十点，那么就要在凌晨两点或三点起床再带狗狗出去一次。每两三天把间隔时间增加15分钟，直到狗狗可以撑到七至八个小时不用出去。如果发现狗狗在狗舍或围栏内排泄，你就知道目前的要求对狗狗来说还太高了。

如果你在狗狗排泄完后把它带回屋里，然后就立刻出门走了，狗狗会很快把排泄和你出门这两件事联系起来。结果呢，它为了不想叫你出门，在外面排泄的时候就拖拉时间，所以你应该在回到屋内后花五到十分钟时间陪狗狗玩耍，或是给它啃啃磨牙玩具，再走也不迟。

狗狗在屋内排泄时：

- 使用含酶清洁剂清洁污渍，市场上可以买到好几种。
- 不要让狗狗看见你清理它的"杰作"。这一点还是存在争议的，不过有些专家认为如果这么做，狗狗可能会以为你接受了它的小小"礼物"。

从沙发上下来

尝试以下不同的方法让狗狗从沙发等家具上下来或是远离某些家具。

教狗狗从沙发上、床上下来，可以使用"去目标地待着"这一行为的教学方法。首先，鼓励狗狗到沙发或床上去。你可以拍打沙发，对狗狗说"沙发"或"上去"，但不要用食物引诱它。狗狗上去之后，你站在沙发旁边，按照"去目标地待着"的步骤进行一遍，不过要把口令"目标地"换成"下来"。

给狗狗一张它自己的椅子，允许它上去，但仅限这个椅子。一天中做几次训练,教狗狗上到"正确"的椅子上,训练方法与"去目标地待着"一致,不过把口令换成"椅子"。

用防治的方法,让狗狗不能上到超过你允许范围内的任何椅子上。有一种很简单的办法,你可以在离开房间之前给椅子或沙发垫上铺一层铝箔,狗狗不喜欢铝箔的触感和发出的声音,因此就不会趁你不在时跳上沙发了。不久狗狗会主动回避被罩住的家具,你就可以不再使用铝箔了。

如果碰见狗狗正准备上到"违禁"的沙发或椅子上,发出"啊哦"声打断它,把它引向"正确"的椅子或其他位置。

用较短一点的绳子对狗狗进行管束,即使有的狗狗顽固地赖在沙发上不走,你也有办法,抓起绳子,轻轻地把它拉下来。只要动作轻巧、不扯到狗狗,用绳子拉它也是可行的。轻拉可以避免直接拉扯项圈造成的负面影响。注意:当你不在狗狗身边看管时,千万不要给它拴上绳子!

"跟随"你走路时咬绳子

以下方法可供尝试:

每次散步前,让狗狗"把绳子拿来"。有时候狗狗可能不会去咬绳子,除非绳子意味着去散步。

在给狗狗拴上绳子前,用手杖作为目标训练狗狗进行自发跟随。

狗狗看着你的时候不会啃咬绳子,因此当你发现狗狗朝你看时,给它奖励。多做一些让狗狗"注意"的练习。

教狗狗听到命令后把绳子放下。

散步时,在狗狗要咬绳子时预先察觉并加以制止:转移狗狗的注意力,进行其他动作的训练,比如"跟随""坐下"。

使用笼头式项圈。

让狗狗衔别的玩具。

用苦苹果（亦称药西瓜）或漱口水浸泡绳子。如果都不管用，试试苦酸橙吧。

跳起来扑到人身上

如果狗狗经常跳起来扑人，试试下面这些方法吧：

背过身去，不理睬狗狗。

及时制止狗狗这一行为。看狗狗想要跳时，用动作和声音打断它，在它还没来得及跳起之前命令它坐下或卧倒。

每次出门和回到家时，和狗狗打招呼的方式尽量简单一点，不要太隆重。到家的时候轻声说句"哈罗"，临走的时候说声"一会见"或"拜拜"。回来时不要表现得过于兴奋。只有在狗狗乖乖坐或卧在地上，或是显得较为放松平静时，才去夸奖它、爱抚它。

每次走进房间时，给狗狗找点事做，比如命令它到床上待着。这样你一进门就形成一种暗示，和这个动作联系起来。

就在狗狗快到你跟前时，往旁边扔一块点心，并说"找到它"。重复多次，一周之内狗狗会自动向后退，为了接住期待中的食物。

让狗狗按指令跳起来。可以先命令它坐下，然后允许它跳到你身上作为奖励。

攻击性地扑向其他狗狗

在所有列出的问题行为中，这一条最能反应你的态度以及你与狗狗之间的交流。很多时候，是牵狗的人表现出焦虑不安，好像在说："看见那个向我们走来的人或狗了吗？危险啊，快保护我！"于是把这种焦虑感传递给狗狗，狗狗也跟着感到不安。如果真是这样的话，你首先要转变的是自己的态度，然后才能帮助狗狗矫正行为。

下面有一些建议可供你尝试。

提醒：如出现攻击性行为，请求助专业的训练师。记住，一定要请使用非暴力方法的训练师。

管束法是解决问题的关键，笼头式项圈或防拉扯系带能起到帮助作用。

预先采取措施阻止这种情况的发生，穿过街道，必要的话，沿着私人车道走。建议同引起狗狗焦躁的目标保持至少 20 英尺以上的距离。在某一点踩住栓绳，不要太近，否则狗狗会受到绳子的压力而不得不把头低下；但同时不能太远，要使绳长不够让它跳起来。这样做能把狗狗固定在你身边，不让它跑到你前面。当有其他狗经过时，尽量给你的狗多一点点心，转移它的注意力。如果你养的是大型犬，或者你的狗在这方面问题很严重，请采用以下方法。

让温和的狗从旁边经过，与咄咄逼人的狗保持一定距离，从而不会惹到它。让你的狗卧倒并保持这个姿势，在其他狗经过时给它点心。对狗狗说"不动"，等它自己把视线从其他狗转移到你身上。

在狗狗扑过去之前预先阻止，用声音和动作分散狗狗的注意力，让它不要老想着这事。

无论什么时候有其他狗出现在视野里，表现出轻松愉快的样子，并且喂你的狗狗很多点心吃。这能帮助它改变对其他狗出现的想法和态度。

绝育。绝育过的狗很少会攻击别的狗。没绝育过的雄性狗发起攻击的可能性是绝育过的雄性狗的三倍；绝育过的雌性狗不具备原来的母性特有的强烈保护欲，又咬又抓的可能性也降低了。因为它不再有保护幼崽的需要了，所以它也不必保护它周围的领地了。

啃咬抑制

幼犬在小时候相互嬉闹的过程中就学会了如何控制牙齿咬合的力度，

我们把这叫做"啃咬抑制"。但如果一只狗在很小的时候就被人从窝里抱走了，远离它的兄弟姐妹，它就得不到学习啃咬抑制的机会。结果，他们长到大一点的时候可能会用嘴咬住人的手、腿或裙子。于是，教狗狗如何控制咬人的冲动成了你的责任。

下面提供了几种方法，同一种方法重复几次后，和其他方法轮换使用。

发出表示疼痛的"哎哟"声。不论是小狗和你闹着玩时的轻咬，还是大一点的狗用嘴含住你的胳膊，一旦感受到牙齿的触觉，你立刻发出一声尖叫"哎呀"，大多数狗狗在你发出这种声音后都会松开。当狗狗松开后，夸奖夸奖它。注意：如果你的狗狗在听到你发出叫声后反而变得更加兴奋，说明这种方法对它不适用，下次不要再用了。

发出"啊"声。狗狗咬住你的时候，快速地发出"啊"的一声，声调降低。有的狗狗把这视为低程度的吼叫。在这儿我们只是用它来打断狗狗咬人的行为。注意：如果狗狗在你发出声音后反而越发兴奋，不要使用这种方法。

发出"哎呀"或"啊"的一声后，离开房间，或暂停你们当前的活动，让狗狗独自待上二到五分钟，称为"暂停时间"。你可以把狗狗放在儿童安全门栏后面。时间一到，即让狗狗恢复自由，让它知道刚才的事并不影响你们之间的感情，你们的关系还和从前一样，没有嫌隙。发出声音和"暂停时间"结合使用，效果更明显。

不要给狗狗咬你的机会。在它咬到你之前，给它一个能咬的东西咬着玩，一般是牛肉棒、磨牙骨还有填塞点心的橡胶玩具。

在正处于长牙期的狗狗有机会拿你"试练"前，用别的东西满足它用牙的渴望吧。给它小方冰块或是一片冰冻的帆布，或者把前面提到的那些磨牙玩具放冰箱里冰上十来分钟，再拿出来给它。冰的东西使牙龈麻木，缓解了长牙时的不适感。

一旦狗狗咬你，把它放在地上，然后走开。

教狗狗在你给出信号时舔你，而不是咬你。往手上涂抹一些火鸡、花生酱或奶油干酪给狗狗舔食。在它舔的时候说"舔"这个词，然后按响片，夸一夸，用火鸡肉作为奖赏。还有一个和这个类似的方法，即舔一舔自己的手，再把手给狗狗让它舔你的口水。

把狗狗放在狗舍里或拴在能看管到它的地方，让它咬不到你。狗狗从想咬人的状态里平静下来时，给它奖励。

立刻轻柔地但动作坚定地抱住狗狗，直到它的身体放松下来，说"好了"后松开狗狗（见图17.1）。

使用管束方法，用笼头式项圈。

如果狗狗咬你的脚和脚踝，当你向它走近时命令它坐下或卧倒，或者用绳子把狗狗拴住，绳子一头系在腰上，引导它去别的方向，不让它靠近你的脚。

咨询兽医，看能否给正在长牙的小狗服用四分之一片阿司匹林，以减轻牙龈的肿胀酸痛。

分离焦虑

狗是一种社会性动物。产生分离焦虑的狗从本质上来说感到惶恐不安，这种恐慌源于缺乏陪伴的孤独感、安全感缺失、受到监禁的无助感以及无法预测所受折磨究竟何时到头的无能为力。处于这种状况下的狗会竭尽全力逃出去，使焦虑的情绪得到释放。人们回到家后会发现墙上被咬了许多洞，沙发被扯碎，油地毡从地板上掀起，这一切都是狗狗为了逃出去不要命地疯狂撕咬造成的，而狗狗的嘴和爪子也因此伤痕累累、鲜血淋漓。

通过创造一定的条件、采取相应的方法来解决狗狗的分离焦虑症，包括增强狗狗的安全感、安定感，给狗狗的生活创造更多的例行常规以提高可预测感，培养狗狗的自信心。

安全和稳定感

如果狗狗显现出分离焦虑的迹象，你的首要任务是在离开前给狗狗创造一个安全的环境。把它放到儿童安全门栏或用来运动的狗栏后面，确保周围没有任何它可能毁坏以及伤到它的物体。除非你完全确信狗狗在狗舍里待得很舒服，不然不要把它放进去。记住，安全第一。分离焦虑症很严重的情况下，需要请专业人士来处理，在刚开始的过程中，家里还必须有人请一个星期的假来陪伴、帮助狗狗。

给狗狗的生活创造常规和可预测性

减轻分离焦虑症第一步，增强狗狗独处时的安全感，可以通过下面的"离开和返回"训练。这个练习的目的是让狗狗相信你的每一次离开一定会以回来告终。如果狗狗知道你走后总是会回到它身边，并且渐渐习惯这两种行为，由独处产生的压力就会得到缓解。

"离开和返回"练习

由于狗狗有预先反应，你首先要做的事是保持平静。如果你每次离开和到家时都带有强烈的情绪和精力，狗狗也会跟你学，并开始期待你的返回，或是在你离开前预先有所反应。你的情绪会感染狗狗，狗狗反过来又影响你的情绪，这是一个恶性循环，所以你要保持放松、平静。离开的时候简单地和狗狗说声"再见"；回到家的时候，如果它太闹，先不要理它，等它缓下来后再过去爱抚它、奖励它。狗狗会逐渐明白，闹腾是不行的，只有保持平静，才能得到你的奖励。实质上，你是在教狗狗，和主人分开、独处并不没有什么大不了的，不需要为此太过激动。

假装你要出门，做做样子，比如穿上鞋、找到钥匙等等。

在门口处发出你要出门的口头信号，说一声"再见"。打开门，但不是走出去，而是待在原地。把门关上后，按响片，夸一夸，给点心。重复五到十次后，结束本次训练。不断重复以上过程，直到狗狗能把它的注意力转移到你手中的食物上，而不去在意你在门口的动作。

开始增强"离开"效果。对狗狗说"再见"后，打开门走出去，但不要关门。然后立刻回来，按响片，给点心。

继续增强"离开"效果。重复上面的过程，不过这一次出去后把门随手关上。默念"一千一"以后，回到屋内。按响片，给点心。以上重复五至十次，结束本次训练。

在接下来的练习中，逐渐增加待在门外的时间。门是关着的，你的目标是当你人在门外时狗狗能处于平静放松状态。如果狗狗在某一时间开始表现出焦躁的迹象，回到上一个间隔时间，进度放慢。继续练习，直到狗狗能在你出门十秒后一直保持平稳安静状态。

逐渐增加离开的距离。从门口迈出两步，数到十，然后回到屋内，按响片，给点心。渐渐加到三步、四步，以此类推。

增加干扰项。坐进汽车里，关上车门（汽车门开启和关闭的声音是干扰源，狗狗熟知这个声音表示你要离开）。立刻回到狗狗身边，按响片，给点心。

根据狗狗的接受程度继续增加干扰。从发动汽车、开车到加长开车的时间、开出私人车道。每一次回来的时候都要按响片，给点心。

如果你的狗狗焦虑感较轻，那么你可能只需要坐到车里就行了，后面的步骤可以省去。但对于分离焦虑症严重的狗狗，所有这些步骤只能增不能减。

树立信心

通过树立信心，培养狗狗的安全感。家里新增一枚狗狗成员时，通常是建议你待在家里帮助它适应新环境，不过减少狗狗的"依赖性"同样很重要。换句话说，你要向狗狗表明，独自待着是绝对没问题的。

你可以通过游戏和练习来帮助它建立信心和安全感：给它玩一些智力游戏（比如宠物方块）；教它"找东西"；采用上面提到的"离开和返回"练习。

通过"坐立"和"卧倒"动作的高级阶段训练也可以促进和鼓励狗狗的心理健康，例如逐渐加大你和狗狗之间的距离，直到它看不见你为止。这些行为的训练一开始是在室内进行，达到一定程度后可以把训练地点移到室外。

此外，我大力推荐你带狗狗报名参加一些培训课程，比如交际课，锻炼灵敏度、训练与群体共处、水上运动的课程，或是训练狗狗跟踪能力的课程，选择什么样的培训课取决于狗狗的敏感程度。在课堂上，其他狗狗的主人会和你的狗互动，你也会和其他狗狗交流。所有这些活动和行为训练都在向狗狗传达一个讯息：一切都很好，你很安全，你能够适应的。

更多的有效提示：还有一些小窍门可以帮助你解决狗狗的分离焦虑症状。

有计划地安排时间。有规律可循的生活常规是狗狗生龙活虎的法宝！一旦狗狗确定地知道你什么时候出门、又会在什么时候回来，它就会放松心情，因为它能够预知未来的状况，不再需要担心了。

走之前给狗狗一些特别的食物或玩具。嚼东西可以让狗狗不再惦记着你出门这件事，你可以给它填塞点心的橡胶玩具、宠物方块、牛肉棒、或是漏食球。还可以间或在厨房附近藏一些点心，等你走出门的时候，对狗狗说"找到它"。

打开收音机或电视机。打开一个你经常收听的频道。最好放一些舒缓的古典音乐或新世纪音乐①，比如史蒂芬·哈本的"内心和平系列"。我

---

① 新世纪音乐是在上世纪70年代后期出现的一种音乐形式，原本的用途在于帮助冥思及使心灵洁净，最主要发源地为爱尔兰。——译者注

建议你醒来后就打开音乐，走的时候让它一直放着，让狗狗听到音乐就有一种你在家的感觉。

使用草本植物。 花精、芳香疗法①或顺势疗法②。向使用整体疗法③的兽医咨询，请他推荐一些自然治疗方法，比如草本、花精（如巴赫④花精疗法）、芳香疗法、顺势疗法，帮助狗狗应对分离焦虑症和其他情绪方面的问题。你还可以参阅相关书籍，如兽医学博士玛丽·布伦南所著的《原生态狗狗》，爱普尔·弗罗斯特所著的《超越驯服》，兽医学博士谢丽尔·施瓦茨所著的《四只爪子，五项指南》。

考虑药物治疗。 行为矫正手段常和几种药物结合，用来治疗分离焦虑症或其他行为。向使用非暴力方法的行为学家请求帮助；如果你想选择药物疗法，和你的兽医商议。

走之前带狗狗多做运动。 狗狗累了，自然就不会有那么多的精力在你不在家的时候"大闹天宫"。

确认"导火索"。 分离焦虑症通常由某一事件触发，比如，你拿起钥匙准备出门，狗狗会记下这种声音，一听到钥匙声就知道你要离开。其他触发事件包括穿鞋子、梳头等。减少狗狗对这些事件的敏感程度可以缓解焦虑症状，有两种方法：

- 就触发事件的"含义"建立对抗性条件作用。比如狗狗害怕拿钥匙的声音，那么一天中你多次把钥匙拿起来，然后给狗狗吃点心。
- 改变你的生活习惯。比如，你通常早晨起床后冲个澡，梳个头，

---

① 芳香疗法：使用所选的香味物质制成洗液或吸入剂，以影响情绪并增进健康。——译者注

② 顺势疗法又称同类疗法，一种替代疗法，其基本原理是"以毒攻毒"，即对患者施予在健康人身上会引起该待治病症的物质治疗该病。——译者注

③ 整体疗法，预防医学和治疗医学的一个学说，强调必须全面看待一个人，包括其躯体、心理、情绪和环境，而不是只看单一功能或器官。——译者注

④ 巴赫，上世纪30年代英国的爱德华·巴赫医师，现代花精的创始人，受顺势疗法的影响开创了花精疗法。

做做运动,然后穿上鞋子,吃早餐,接着拿起钥匙,出门……不要总是一成不变,把这些顺序打乱,让狗狗不确定哪一件事和你的离开有关,这样它就不会天天都产生压力而导致压力越积越多。

第 18 章　对待敏感的狗狗需要更多耐心

如果你的狗狗属于高度敏感的类型，那么正确定位它在触碰、声音和运动方面的学习起点是十分重要的，即狗狗能够不为外界环境刺激所干扰、顺利与你进行互动的起始点。如果狗狗在年幼时很少有机会接触外界、与人交流，那么它会无法适应日常生活中对视觉、听觉和触觉的各种感官刺激，对于这些高度敏感的狗狗，即便是初级阶段的训练也太过强求。如果你的狗狗属于这一范畴，你需要按照本章给出的训练步骤一步一步来，慢慢培养狗狗的信心和对人的信任感。达到基本水平后，你才能够使用第 14 章的训练方法。

如果你的狗狗极端敏感，必须雇请专业的训练师。在极端恐惧感的问题上，专业人士是必不可少的。

训练之前，设身处地地站在狗狗的角度，用它的眼光打量周围环境，想一想各种景象、声音和物理感官刺激对狗狗的行为将产生何种影响。远处有别的狗在吠叫吗？树枝是否摇晃、叶子是否沙沙作响、地上是否扬起灰尘？上空有飞机经过吗？

触摸敏感

触摸能帮助狗狗适应所处环境，是锻炼狗狗与人交际的重要部分。狗狗愿意接受你的触摸对它的训练非常重要，这可以教狗狗享受被抚摸、被触碰、被爱抚、被抱住的感觉。尤其对于敏感的狗狗而言，接受触摸能够减轻被人触碰的敏感和不适,这样在拜访兽医时,狗狗才能好好地接受检查。不仅如此,适应触摸对创造安全的环境也十分重要,尤其是当房间里有孩子的时候。如果狗狗没有学会如何应对他人的触碰和抚摸,而孩子一不小心踩到他的尾巴摔倒在它身上,狗狗的反应可能是咬人。

小孩被家里养的宠物咬伤的事情已经屡闻不鲜。如果这些狗经过一定的交际训练,如果有人教他们身边有小孩时应该怎么做,悲剧还是有可能避免的。不过不管你把狗狗训练得多么好、多么善于沟通,千万别把孩子和狗单独扔下。

我在帮助养狗的人家时总是一再强调,要训练狗狗在孩子走进房间时应该如何表现。例如,你可以教狗狗去床上躺下。多次训练后,狗狗会在孩子进门时自动去床上待着。我还强调让狗狗适应触摸的重要性,因为孩子经常会触摸狗狗。这两项建议在孩子和狗狗共处的环境中能起到额外保险的作用。

建立学习起点 训练开始之前,每一位训练者都需要弄清狗狗接受触碰的舒适程度,或者是否根本就受不了别人碰它。不论是幼犬还是成年犬,这个工作是必须要做的。我把这个点称作触摸基线,这一点就是你开始和狗狗进行接触交流的起点。下页的图表,"触摸学习起点"(见图 18.1),可为你的训练提供指导。如图中所示,触摸基线从 A 点延伸到 E 点。在 A 点处狗狗只能允许最小程度的互动;F 点处的狗狗在和你互动时拥有充分的安全感。其他人触碰狗狗时,必须从触摸的初级阶段开始过渡到高级阶段。

敏感和羞怯程度高的狗狗对声音同样很敏感,因此你应该遵循针对敏感狗狗的响片使用方法,这一点十分重要。

帮助狗狗适应触碰。图 18.1 中所示 A 点说明了哪种狗狗属于完全不能接受触碰的类型,这种狗狗根本一点儿也不想被人碰,这通常是由于交际经验极度贫乏、无法融入社交生活所致。你不可能指望这样的狗狗立刻就能接受人类的抚摸,更别提享受被人抱住的感觉了。不过狗狗还

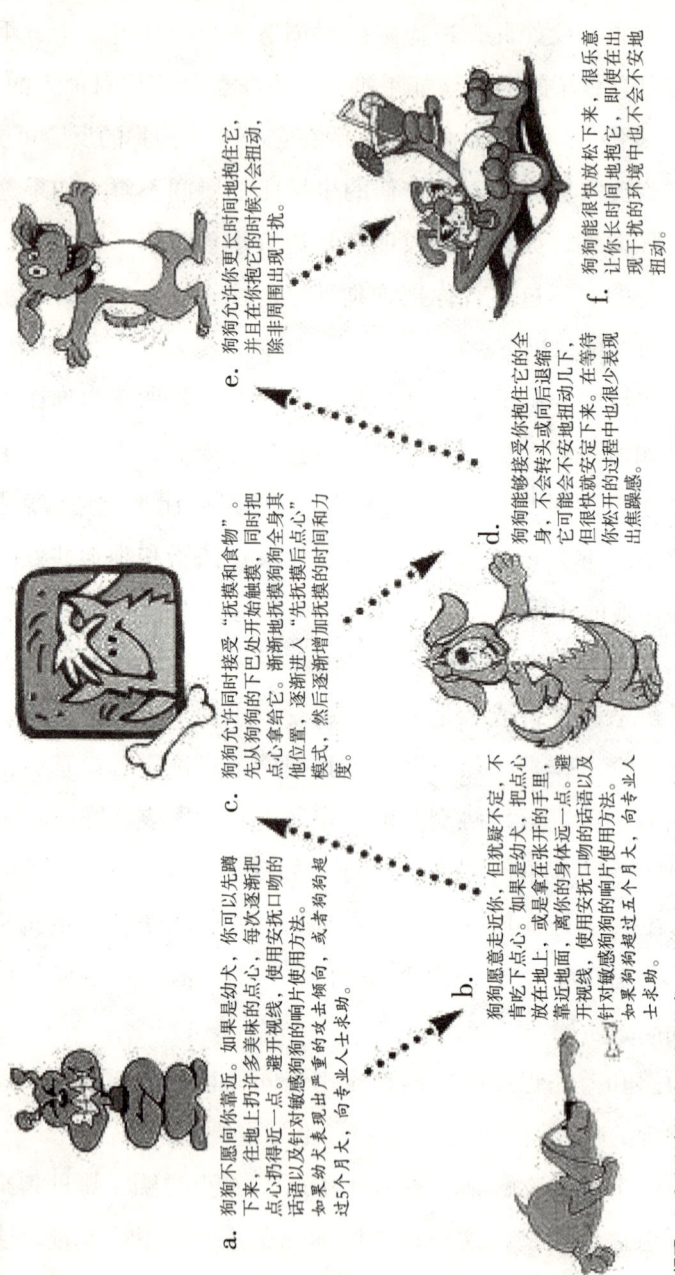

图 18.1 触摸学习起点

是会以它自己的方式与你互动，它会吃下你给的点心，但这可是有前提条件的。

不善交往的狗狗不喜欢的事：

- 被触摸头部。
- 有人从他身上伸过去。
- 被从地上抱起来。
- 有人向它靠近，尤其是当它退后的时候。
- 爪子和尾巴被人碰。

为了让这样的狗狗适应与人交往、接受被人触摸，从 A 点进步到 F 点，尝试以下方法。开始时，坐在地上距离狗狗约 6 英尺远处，用身体侧面对着它，肢体语言不要透露出任何暴力迹象，以显示你丝毫不怀恶意。你可以看向别处、抓痒、眨眼、舔嘴唇、打哈欠等等。接着，朝狗狗扔一块无比丰厚美味的食物，比如一片火鸡肉，不过要离你边上远一点。然后继续扔更多的食物，一次扔一个，每一次都把食物扔得离自己更近一点，狗狗会逐渐被你吸引过来。

注意：使用响片可以更好地帮助狗狗克服敏感，加速训练进程。在狗狗吃点心时按下响片。不过提醒一句，由于大多数对接触敏感的狗对声音也同样敏感，为了避免适得其反，你需要采用针对敏感狗狗的响片使用方法。

如果狗狗的行为表现真的非常"疏远冷淡"，就像触摸基线表中点 A 和点 B 所示那样，需要雇请动物行为学方面的专业人士。为了防止自己或家庭成员被咬，尤其是保证孩子的安全，宁可过于谨慎也不要冒险。

狗狗处于图上 B 点的情况时，它会走近你吃点心，但它的身体后部看上去拉得很紧，似乎不想靠近；而为了吃到点心，身体前部则向前倾。多次投食，每次把点心扔得再近一点，通过一英寸一英寸的积累，最终吸引狗狗走到你身边，从你的手中接过食物。千万不要主动靠近狗狗，你要总是等它自己选择靠近你,除非在紧急状况下,你有可能需要抓住它。

到了 C 点时,触摸被加了进来。不过,你在这一过程中需要时刻保持警惕,不能松懈。让狗狗的身子向你探过来,在它吃你手里点心的同时,用另一只手触摸它。一定先从下面的下巴处开始触摸,因为我之前也提过,有的狗狗不喜欢有人把手从它身体上方伸过去(见图 18.2)。经过几次训练后,逐渐触摸狗狗身体的其他部位,从下巴到头部一侧,再到头顶,顺着后背,直到爪子和尾巴。每一次触摸的同时给狗狗吃一块点心。

图 18.2

当狗狗不反对你摸遍它全身时,逐渐把手放在它身体上的时间增长。比如,如果你摸的地方是狗狗的背部,保持 2 秒钟,然后给狗狗吃点心。下一次增加到 3 秒钟,再给点心。以此类推。当狗狗能让你把手放在它背上的时间达到 10 秒后,开始增加触摸的力度。比如,你的手摸在狗狗的背上,稍稍用力挤压,1 秒后松开手,给它点心。继续这一过程,直到你能够紧紧地抓住它的背长达 10 秒钟。注意:当你开始增加触摸力度时,触摸时间这方面还要回到原点,从一秒钟开始,逐步增加。

触摸：图 18.2 和图 18.3 展示的是触摸基线的 C 点。第一张图片中，触摸包括同时进行的两部分：一是给食物，二是从狗狗的下巴处开始摸。第二张图片中，训练员开始抚摸狗狗头部。这一阶段需要经过几次训练期，对狗狗的要求是能够在与你互动的时候不要太紧张。

图 18.3

图 18.4 中的狗狗在触摸基线的 D 点处。

图 18.4

图 18.5 中的狗狗在 F 点处。

图 18.5

当同时触摸和给食物进行得非常顺利时,可以进入下一阶段的训练:先触摸,再给食物,间隔时间从一秒钟开始。也就是说,一开始的时候,触摸狗狗后,立刻给点心。接下来触摸狗狗后,手放在那儿保持两秒钟,再给点心。再接下来,数三秒后给点心。以此类推。每一次训练应该包括十次重复练习,然后结束训练。狗狗放松下来后,你可以摸更长的时间,同时增加触摸和奖励之间的间隔时间。然后在力度上有所提高,摸的时候更加用力,逐渐触摸狗狗的全身。每一次都要记得给狗狗点心作为奖励。如果狗狗某一时间向后退缩、躲闪,说明它在当前阶段感到不适,所以需回到它能接受的上一阶段。

在点 D 阶段,狗狗允许被人抚摸、抱住身体,而不会退缩、转头。它接受你抱住它几秒钟,你也可以把它从地上抱起来,不过要很快放下。为了达到这一阶段,拿出一块点心,不过不要松手;用手指夹住点心,这样狗狗舔食时你的手还在上面,与此同时,用另一只手去触碰狗狗胸部下方、前腿之间的位置。重复五至十次。如果狗狗没有任何不适,进入点 D 阶段的下一部分。

像之前一样，让狗狗从你的手指间舔食食物，与此同时，把它的前腿从地面上抬起一两英寸，然后再放回地面，给狗狗点心作为奖励。重复五到十次，直到狗狗对这一举动不表示任何不适感。接下来，把狗狗抱离地面，抱的时间久一点，直到狗狗对前腿凌空长达十秒不反感为止。

在 E 点阶段，狗狗已经不再担心被抱住或抱起来，它现在关注的重点转移到了奖励上。当周围出现大的干扰项时，它还是会因此时不时地扭动或绷紧，不过很快就能重新恢复平静。它已经开始把抚摸和搂抱当成一种享受了。

到达 F 点最终阶段时，狗狗真心地喜欢被抚摸、被抱住，并且主动欢迎你友善地抚弄它。对狗狗而言，抚摸本身就是给它的奖励。

运动敏感

有些狗狗不在意周围的环境，不管发生了什么他们都能保持镇定自若；而有的狗狗则不行，即使是一点轻微的干扰刺激，他们也会害怕得向后直退。如果狗狗对日常生活中常见的行为动作反应激烈，或跳起来、或蜷缩或躲藏，那么你需要格外用心了。人从椅子上起来、风吹树叶婆娑作响、墙上的影子绰绰起舞、汽车驶过、锻炼者跑步、其他动物经过等等，所有这些事情都可能引起狗狗惊慌失措。通过下面的练习，帮助狗狗建立信心、学会放松。

解决基于运动引起的敏感症状关键在于：

- 找到触发狗狗恐惧的确切诱因。
- 和刺激源保持一定距离，防止引起狗狗恐慌反应。
- 改变狗狗对待刺激的态度（对抗性条件作用），即系统性的脱敏作用[1]。

---

[1] 系统性脱敏作用，指使（致敏者或过敏者）对致敏物不敏感或无反应。——译者注

🦴 通过训练增强狗狗的行为可靠度，提高狗狗的信心（操作性条件反射）。

帮助狗狗适应物体的运动

天刚刚亮时，在干扰度低的环境中进行训练，比如客厅或后院。这里介绍两项练习："垂直经过"和"径直走来"。

垂直经过

通过这项练习帮助狗狗摆脱对其他人的敏感。在行人经过的动作和得到点心之间形成联系，以此改变狗狗的态度。

准备好许多丰厚美味的点心以及响片，请一位家庭成员或是狗狗认识的朋友来帮忙。

注意：这项练习有三个阶段。狗狗可能通过一次训练完成三个阶段，也有可能需要几次训练才能完成一个阶段，具体取决于狗狗的敏感程度。

阶段 1　把狗狗放在你身旁，踩住拴绳，让它不得走开。绳子的松度应该正好不会拉扯到它的头。如果狗狗想的话，允许它坐下或卧倒，但不要要求它这么做。

想象一下狗狗面前延伸出一条路，请你的朋友站在至少 20 英尺开外，按照与你所处位置垂直的方向走，穿过这条路。简单地说，请朋友在你们面前经过，走的时候保持正常步速，避免与狗狗对视。

在朋友走路的时候，你喂狗狗吃点心，一块紧接着一块地给。保持兴高采烈的状态，对狗狗说："耶！快看，苏西（人名）在前面走！她是不是很棒呀！"在这短短的时间内，你可能需要给狗狗 20 块点心（注意：如果狗狗不吃，说明朋友靠得太近了。根据需要，把距离增加到 30、40 或 50 英尺）。狗狗愿意吃点心，说明当前的距离合适。朋友应该在走出 20 步左右后停下。把这个练习重复至少三到五次（狗狗不介意的话也可以多做几次）后，结束本次练习。

阶段2 先重复阶段1的步骤用于热身环节。

热完身后，让狗狗卧倒并保持这个姿势，再一次重复阶段1的过程。没有问题的话，进行第三步。

让狗狗卧倒并保持这个姿势。这一次在朋友走过去的时候，不要喂狗狗任何点心，也不要夸奖它。总之不做任何表示，静静等待。等到朋友停下脚步时，狗狗应该会先看看朋友，再转过头来看看你。这时候你要热情洋溢地夸奖它，按响片、给点心。你完成了两件事：第一，你改变了狗狗对人走来的感觉；第二，你让狗狗明白了你的用意，即卧倒、放松、朝你看。把这一过程重复三到五次，结束本次训练（如果狗狗没能转过头来看着你，返回第二步并重复做几次练习，然后进行下一次尝试）。

在接下来的环节中，请朋友逐步加速，从走路到慢跑再到快跑，边跑边挥舞双手、发出叫喊声。每次总是等狗狗自己把视线从朋友转移到你身上，当狗狗终于朝你看时，按响片，夸一夸，给点心。

提示：如果狗狗对目前增加的速度或干扰表示不适，在朋友经过时恢复点心的喂食。要点是：让狗狗把提速、加大干扰和得到食物联系起来。

阶段3 在这一阶段，你要减少狗狗和朋友间的起始距离，一次减少1英尺。让朋友站在19英尺远处开始走，重复阶段2的步骤。减少距离的同时必须恢复正常步速。针对每一个距离做三到五次重复练习，然后结束一次训练。在接下去的训练中，继续减少距离。

径直走来

"垂直经过"没问题后，就要进行更有挑战性的"径直走来"练习。

阶段1 让狗狗卧倒并保持这个姿势。请你的朋友从20英尺开外径直向你们走来，走的时候避免和狗狗视线接触。暂时不要给狗狗点心。请朋友在离你们10英尺远处停下，然后等狗狗把注意力从朋友身上移开，转而看向你。按响片，夸一夸，给点心。重复练习三到五次后，结束训练。

在狗狗能保持放松的前提下，让朋友逐渐加大动作幅度，从走到慢跑再到快跑，再到边跑边挥动双臂、大声呼喊。每一次都要在距离 10 英尺处停下。针对每一次加速，把练习重复三到五次。每一次成功后，都要按响片，夸一夸，给点心。保持训练进度缓慢而平稳，可能需要经过几天至几个星期不等。如果狗狗在任何时刻表现出紧张不安，让朋友把速度放慢一点儿。

阶段 2　重复阶段 1 的步骤用于热身环节。当狗狗在朋友向它跑来并一路挥手、拍手时能表现得放松自在时，你可以让朋友停得更近一点。之前的练习中朋友总是停在 10 英尺开外，现在把这个距离逐渐缩短，每次减少 1 英尺。比如：让狗狗卧倒并保持这个姿势后，请朋友向你们走来，在距离狗狗 9 英尺远处停下脚步。重复三到五次。

通过一次次的训练，朋友离狗狗的距离越来越近，动作幅度也越来越大，直到朋友可以一路跑到你们面前停下，距离只有 1 英尺。对于敏感的狗狗，达到这一阶段可能需要几天到几周不等。如果你没有把握狗狗能够接受，就不要任意缩短距离。

归纳总结　如果狗狗在朋友一边挥手、大喊一边跑到它跟前 1 英尺处时能表现得放松自在，那么你还有一步就能大功告成了。对于这一行为的大脑神经通路已经打通，你可以请一位狗狗不认识的人参与训练，把整个过程重复一遍。请三位陌生人在三个不同的地点做这个练习，多次重复后，狗狗应该能对这一过程开始进行归纳，不管换什么样的人向它靠近，它的表现始终如一。介绍人类新朋友给狗狗认识时，不必重复上述练习。不过，如果这位新朋友也是狗的话，则必须把上述过程从头到尾地过一遍。

对有的狗狗而言，有人挥舞双臂径直向它跑来可能太过激烈，无论你把进度放得多慢，最终都不可能让它接受这一点。如果是这种情况，你需要雇请专业的训练师来监管你的训练。

如果任何时候狗狗出现问题，不要忘记这条金科玉律：返回到它成功应对的上一阶段。通过循序渐进的步骤，一点点积累成功。妮可·王尔德所著《帮助你担惊受怕的狗狗》是一本非常出色的书，书中强调了逐步训练的重要性："从'正常步速'到'快步并挥动双臂'的过渡可能还是太快了，中间需要插一步，即步速加快但双臂不动。"进度的快慢、动作幅度增长的大小，具体还要取决于狗狗的适应程度。

在引入干扰项提高训练难度之前，观察狗狗的肢体语言，看它是否感觉良好。狗狗的耳朵和尾巴处于放松状态吗？它是满脸期待地等你给它点心，还是左顾右盼、急不可耐，一心想要寻找出口逃走？在加大动作幅度或引入干扰之前，确保你眼前的狗狗处于放松状态。

声音敏感

如果引起狗狗害怕的是声音，下面的练习可以帮助它克服对突发声响的敏感，增强信心和信任感。

阶段1 让狗狗坐下并保持坐姿。请一位朋友站在20英尺开外。让朋友从离地两英寸的位置把一只锅扔下，听到响声后，立即往狗狗嘴里塞一块高级食物比如鸡肉或火鸡肉，并热切地夸奖它。你可以说一些鼓励的话，比如"耶！我们狗狗爱听声音！"，以培养并增强他对待声响的积极态度。重复三到五次。一天中多做几次这个练习，直到狗狗对此表现得轻松自如。这可能需要几天到一个星期不等。

注意：如果发现狗狗对声音高度敏感，把声响源放远一点，或者减弱声音强度（可以在地上铺一块毛巾，或用书代替锅）。练习只重复三次。

阶段2 重复阶段1的练习用于热身环节。

让狗狗卧倒并保持不动。朋友将锅落到地上后，不要喂食物给狗狗。静静等待。狗狗应该会先向发出声音的地方看去，然后回过头来找你要点心。当它这么做的时候，按响片，使劲儿夸它，然后给它许多点心作为重赏！把练习重复三到五次后，结束一次训练。

阶段3 重复阶段1和2的练习用于热身环节。

通过让朋友从更高处把锅落下，增大声音响度。比如先离地4英寸高，再到 6 英寸，以此类推。重复三到五次后，结束一次训练。一定要等狗狗自己把头转过来看着你，然后才按响片，夸一夸，给点心。如果狗狗显现出焦躁的迹象，把声音调回它能接受的响度。当高度增至 3 英尺时，锅发出响亮的哐当声，这时该进入下一阶段了。

阶段 4 把阶段 3 的练习重复三次，用于热身环节。

请朋友向前移近 1 英尺，把锅落下。按照上面的步骤逐渐增强声音响度，先从离地两英寸处把锅落下，再到三英寸，以此类推。每一次狗狗朝你看时，按响片，夸一夸，给点心。针对每个声音强度做三到五次练习。

上述过程中，声源不仅离得更近，发出的碰撞声也更响。如果狗狗能够适应当前的声音，请朋友再向你们靠近 1 英尺，把刚才的练习重复一遍。你的最终目标是：锅从距狗狗 1 英尺远、离地 3 英尺高处落下，狗狗不为发出的声音所扰，表现得轻松自在。如果狗狗看上去觉得这种声音根本没什么了不起，看着你的时候仿佛在问"就这样而已？"，非常好，这就是你想取得的效果。达到这一阶段可能需要经过数周或数月，具体取决于狗狗的敏感程度和你的训练技巧。

注意：如果你一不小心把锅弄到地上，或者是汽车逆火的声音、警报器的鸣响声、摩托车的噪音让狗狗受了惊吓，虽然你内心很想过去安抚她，但不要这么做，而是选择当一个好"演员"。马上用欢快的声音说："耶！锅掉地上了！快来吃火鸡！"通过把食物和产生惊扰的声音联系在一起，以逆转狗狗对吓人或突如其来的声音的态度。你的反应影响着狗狗下一次、下下次的表现。